for you

犬 お や つ の 教 科 書

狗狗專用點心
全圖解

俵森朋子／著

這些，全都可以自己做！

專屬狗狗的點心不好吃？

感覺很麻煩、很難做？

狗狗吃了也無益於健康？

不不不，沒那回事。

只要花一點工夫，

就能簡單做出

愛犬吃了開心又營養的料理！

這味道讓我
口水直流～！

手作「狗狗點心」帶來的幸福感！

　　點心的日文おやつ（oyatu）＝八つ（yattu）時間，是指下午2～3點左右，因此在日本，在午覺過後和晚餐之間吃的輕食，統稱為「oyatu 點心」。

　　無論是人類還是狗狗，點心時間都是幸福的。對我們來說可以是轉換心情、和親友聊天的時光。而對狗狗來說，是一種鼓勵、獎勵，可能是為了吃藥、或等待正餐前的零食，每一次的原因和功能都不同。先不論目的，享用點心的時候絕對是心靈安穩、心情平和。

　　等你準備好愛犬的點心時，等待你的絕對是眼睛炯炯發光、尾巴搖個不停的毛孩子。等待點心的狗狗們笑容中充滿幸福和歡樂，那是絕佳的療癒模樣。請飼主們想像著這樣的美好情境，邊開心地動手做吧！

　　要注意的是，不要因為點心把愛犬養成胖狗狗喔……。

俵森朋子

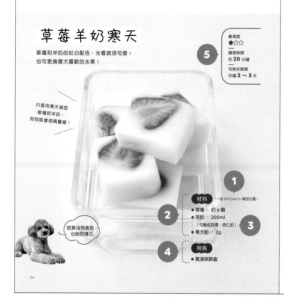

① 「材料」項旁（）括號中寫的尺寸或分量，是以材料標準用量製成的完成品分量。一天能餵食的標準量請參照 P.70，並依愛犬的身體狀況、體重等，隨時調整適合的餵食量。

② 不一定要使用與食譜完全相同的食材，尤其是水果、蔬菜、配料，可依狗狗喜好、季節及身體狀況自由搭配。

③ 分量標示指的是，一般正常情況可以使用的分量。

④ 記載調理時所需比較特殊的用具。大家常使用的調理碗、微波爐、烤箱等不會特別記載。

⑤ 在各食譜中皆會標記以下三項資訊。
　●難易度…以 1～3 顆星星表示料理的難易度。
　●調理時間…調理所需的基本時間。但不含事前準備、冷卻等需較長的等待時間。
　●可保存期間…表示常溫、冷藏、冷凍等賞味期間。因為是手作且無添加防腐劑，請儘早餵食完畢，不要存放太久。

⑥ 難度較高的食譜，會搭配步驟圖解說，簡單又明瞭。

注意事項：
※ 正在接受疾病治療的狗狗，請按照獸醫師指示餵食。
※ 每隻狗狗的狀況不同，有適合和不適合吃的食物。本書中的點心若不適合愛犬的身體，就請立刻停止餵食。
※ 麵包、水餃皮、餛飩皮等食材，市面上可能會買到鹽分多、添加精緻澱粉或防腐劑等添加物的產品。雖然狗狗也需要適量的鹽分，但還是盡可能控制鹽分，選擇無添加的。
※ 若想知道有關狗狗罹癌的手作鮮食詳細資訊，請參考前作《狗狗抗癌飲食全圖解》（蘋果屋出版社）。

Chapter 1

自製毛孩點心的
三大重點

做寵物點心和做人吃的點心有極大差
異，狗狗飲食習性本就和人類不同，
因此我們要從基本的心態、使用食
材、烹飪用具等調整，才能做出毛小
孩吃得健康又開心的零食喔！

自製狗狗點心的正確心態

適合狗狗吃的東西和人類習慣吃的點心其實非常不同，
了解其中的區別，才能做出有益毛小孩健康又營養美味的料理。

心態 1　選用狗狗適合的食材

人類吃的蛋糕、餅乾、饅頭、麵包等，都是以碳水化合物為主，但因為狗狗是「肉食為主的雜食性」，碳水化合物對牠們來說並不容易消化。大多數的狗狗還是較偏愛肉、魚等動物性蛋白質。

因此，就算成品看起來跟人類的點心很像，但換成適合的食材，如：用絞肉做成塔皮，把魚或肉加進寒天或湯汁烹煮，或把肉末放入餅乾中等，就能讓狗狗吃得更健康。只要多下工夫，就能做出讓狗狗身心都愉悅的零食！

用絞肉做塔皮

放入魚、肉煮成高湯利用

心態 2　利用點心補充水分 & 添加營養

肉條、餅乾等市售的狗點心，基本上都是考慮到保存性和攜帶方便而設計，事實上這些點心也可以自己做，作為散步或訓練時的獎勵也相當方便。

不過，狗狗和人類一樣，補充水分也很重要。因此在家做能立刻餵食的點心，最好盡可能是含有水分的料理。尤其是正餐吃乾糧、飼料，用點心補充水分就更為重要了。

水分飽滿的水果或湯汁

可以直接給毛孩水果，以補充水分和維生素。另外，也可把蔬菜或水果搗碎餵食，或是類似煮水餃湯一樣，連餃帶湯一起給牠們也行。

用寒天或吉利丁凝固

有的狗狗不喜歡吃液體的東西，但愛吃固體的食物。利用寒天製作點心，在常溫下也不會融化，可攜帶外出。吉利丁也適合咀嚼機能退化的老狗食用。

爸～媽～開心地做喔！♪

心態 3
狗狗點心要低糖低鹽

人類飲食中經常充滿了會刺激味覺的過甜點心或過鹹食物，然而狗狗點心一定要減糖、減鹽、減油。只是，有的點心需要油才能有蓬鬆、酥脆的口感或延長保存的時間，所以只要避免添加不必要的調味料，替換有益狗狗健康的食材就行了。

雖然甜味不是必須，但喜歡的狗狗還是不少，沒有食慾的時候就把它當作最後一張王牌，少量的餵食吧！

心態 4
做成可愛外觀飼主更有成就感！

點心的外觀、顏色雖然跟狗狗沒有直接的關係，但飼主可當作一種興趣來做！要是飼主很開心地做點心，那麼相對地，狗狗們會更開心地接受。

但不要使用添加物，而是利用食材本身的顏色加以裝飾。選擇盛裝的容器、小物也很令人開心。餵食的時候，先去除有危險性的東西，再將點心放在容易進食的器皿中。

利用食材做裝飾

製作跟季節、節慶相關的點心時更需要裝飾、包裝。用草莓和去除水分的優格、芝麻做臉部，就是一個很可愛又美味的聖誕老公公！

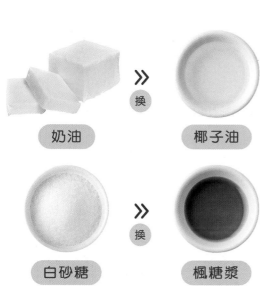

奶油 » 換 椰子油

白砂糖 » 換 楓糖漿

也可用食材著色

在羊奶布丁中加些顏色再做出形狀，就是女兒節的菱餅！粉紅色是用櫻花粉、綠色則是艾草粉來著色。

製作狗狗點心的主要食材

狗和人類的飲食習慣不同。牠們不容易消化碳水化合物，
須控制好糖分、鹽分等，因此要慎選有益狗狗身體健康的食材！

粉類

米粉

蓬萊米磨成的粉。若是狗狗對小麥過敏或是有乳糖不耐症時，可用米粉取代麵粉。在和菓子中常見的原料「上新粉」，也是一種以梗米磨製而成的米粉，其口感更為細緻。本書中使用的是一般米粉，只有和菓子風味的甜點才使用上新粉。

麵粉

小麥磨成的粉。依麩質量的黏度和彈性來分，有低筋麵粉、中筋麵粉及高筋麵粉。最細緻的是含有 7% 麩質量的低筋麵粉，有嚼勁的是含有 9% 左右麩質量的中筋麵粉，有彈性的是含有 12% 左右麩質量的高筋麵粉。本書中使用的是低筋麵粉。

燕麥片

燕麥片是由燕麥加工製成，更容易食用。燕麥除了含有比白米多 22 倍的膳食纖維外，更含有豐富的鐵、鈣、維生素 B_1 等，營養價值高且熱量低。特別推薦給需要維持體重、有便秘問題的狗狗食用。加進麵團或是蛋糕裡、搗碎做裝飾再烤，都能吃到酥脆又美味的口感。

除了麵粉
還有很多
選擇喔！

糯米粉

將糯米去殼、水洗，用石臼磨成漿水後，再將沉澱物乾燥。經過和水揉製、加熱而形成的滑順口感，是糯米粉才有的 Q 彈，適合用來製作如糯米糰子、大福等甜點。

紅豆粉

將紅豆烘焙後磨成粉。紅豆含有豐富抗氧化的多酚和鐵。有很多狗狗喜歡它的香甜味道。除了作為點心材料，也可以煮熟直接放在飯上餵食。

泡打粉

加熱後會膨脹的膨鬆劑，是製作蛋糕、甜甜圈、蒸包等不可或缺的添加物。購買時請選擇標示無添加鋁的泡打粉，避開含鋁泡打粉以免危害健康。

黃豆粉

將大豆炒過後磨成粉，因已加熱過，可直接餵食。它含有豐富的蛋白質。也由於炒過的香味強烈，其他食材的味道都會被黃豆粉蓋過。

豆渣粉

將製作豆腐過程中的大豆殘渣乾燥後磨成粉。因為已不含脂肪，熱量低且膳食纖維相當豐富，是很適合幫狗狗瘦身的低卡食材。

著色

雖然狗狗對點心的顏色沒有多大興趣，但可當作是飼主的興趣，想要增加一點點營養成分時，就可用食材來玩顏色。粉末狀的不僅容易使用，也能做出豐富的顏色。

角豆粉　　埃及帝王菜粉

紫芋粉　　櫻花粉

增添風味

狗狗是以肉食為主的雜食性動物，多半都喜歡動物性蛋白質。看起來像是人類吃的甜點，但因為加了肉或魚的粉末，增添風味與營養，狗狗們的興奮度也明顯不同。

魚乾粉　　肉粉

櫻花蝦

裝飾

類似香鬆作用的食材，只是塗抹或是撒在點心上面，就能改變狗狗的食慾。當然，請選擇有益狗狗健康、含有豐富礦物質的海苔粉，以及有抗氧化木酚素的芝麻等食材。

海苔粉

芝麻粉

凝固 寒天粉

原材料是石花菜、紅藻和其他海藻。相對於利用戶外寒冷空氣製作的寒天條，寒天粉則能在家裡製成。易溶，用在凝固果汁、豆漿等含水食物相當方便。常溫下也不會溶化，適合當作攜帶外出的小零食。

寒天條

主要原料是石花菜。用的時候先泡水再煮溶，對於需要久煮凝固的料理相當方便。柑橘類的果汁因為酸性較強，將寒天條煮溶後，稍微放涼了再加入凝固。常溫下也不會溶化。

當水分凝固就是點心了！

吉利丁粉

原材料是動物皮或骨頭的膠質。20℃以上就會溶化，需冷藏保存。入口即化，最適合做為咀嚼機能較弱的狗狗食物。但鳳梨、奇異果等含有分解蛋白質的酵素，直接加入吉利丁粉的話不會凝固。

純葛粉

葛粉是由葛根中含有的澱粉經過純化和乾燥而製成，含有豐富的異黃酮和皂苷。依據混合水量的不同會改變其硬度。雖然價格較高，但還是建議選擇含有 100% 葛根的「純葛粉」。可以常溫保存。

水分 羊奶

狗狗們最愛的奶類中，羊奶的脂肪球（脂肪的顆粒）只有牛奶的六分之一，容易消化吸收，更不容易引起腹瀉。牛磺酸的含量也是牛奶的 20 倍。市面上也買得到羊奶粉，用起來很方便。

甘酒

提高適口性和營養！

日本甘酒又稱「喝的點滴」。有些甘酒的原料是酒粕、有些是米麴，狗狗食用的甘酒是不含酒精的米麴。狗狗也喜歡甜，使用前請先稀釋甜度。

杏仁奶

杏仁製成的植物性飲品。杏仁具有抗氧化作用及促進血液循環的效果，更含有豐富的維生素 E。杏仁磨碎時，細胞壁亦被破壞，因此引用杏仁奶更容易吸收完整營養素。

豆漿

含有寡醣，能增加腸胃益菌、調整腸內環境。請使用沒有砂糖、鹽、油等添加物，用純大豆製成的無糖豆漿。

原味優格

不加砂糖的原味優格，或是去除水分的希臘優格，都非常適合用在狗點心。過濾出的乳清也非常營養，可當作補充水分的正餐或點心。

加太多會胖喔！

糖類

楓糖漿

濃縮楓樹等樹液的天然甘味劑。含有高達67種抗氧化成分的多酚，以及豐富的礦物質、維生素 B_1 和 B_2。開封後易發黴，務必冷藏保存。

黑糖

甘蔗汁熬乾再冷卻、凝固製成。和完全去除蔗糖的白砂糖相比，保留了甘蔗的礦物質和維生素。愛犬沒有食慾時，可用黑糖作為引誘。

油脂

椰子油

想讓餅乾蓬鬆、呈現酥脆口感、延長保存期限時就必須加油。而椰子油不易氧化，且含有豐富的中鏈脂肪酸、維生素 E，相當推薦。氣溫低會凝固，請隔水加熱使用。

芝麻油

提煉芝麻製成的食用油。可生食也可加熱使用。芝麻油含有抗氧化作用的木酚素。適合在製作鹹食點心時使用。

玄米油

糙米加工成白米時，脫去的米糠煉製成的油。特徵是幾乎沒有味道。含有抗氧化的維生素 E、生育三烯酚，耐高溫且不易氧化，適合用在燒烤煎炸等料理。

薺藍籽油

從十字花科植物中的亞麻薺種子冷壓萃取。含有均衡的 omega3、6、9 脂肪酸，不易氧化，發煙點高，即便如此仍建議用在涼拌、不須加熱的料理中。

抗氧化

肉桂粉

是取下肉桂樹的樹皮乾燥磨粉而成,建議使用錫蘭肉桂。購買時要特別注意「香豆素」的含量,攝取過多會對動物肝臟造成負擔。體重 5kg 的狗狗,一日攝取量在 0.15g 以下。

枸杞

*圖為新鮮枸杞

茄科植物的紅色果實,買一般的乾燥枸杞即可。作為裝飾用會很可愛,入菜能增加甜味。含有豐富的抗氧化成分,據說唐朝楊貴妃天天食用。

小心!這些食材不能給狗狗吃!

雖然狗狗和人類吃的食材差不多,但有些成分是狗狗一吃,
就有可能中毒,千萬不能用在狗點心中!

蔥類

青蔥、洋蔥等含有「二烯丙基二硫化物」,會破壞紅血球,且極有可能引起貧血。僅能食用少量的蒜頭。

葡萄、葡萄乾

狗狗食用葡萄可能引起急性腎衰竭,且會出現食慾不振、沒有精神、嘔吐腹瀉、腹痛、尿液減少、脫水等症狀。

巧克力、可可

吃到可可鹼會讓狗狗在 1～4 小時後引起嘔吐、腹瀉、興奮、多尿、痙攣等症狀。體重每1kg 食用 100mg 以上就會中毒。

咖啡、咖啡因

一旦引起咖啡因中毒,會在 2～4 小時內出現興奮、喝多、尿失禁、嘔吐、腹瀉等症狀。綠茶和紅茶也禁止。

製作狗點心的主要料理工具

製作狗點心的器具，大多都是家裡必備的調理用具，例如：鍋子、平底鍋、調理碗、擀麵棍等，而造型模具可依個人喜好挑選。

測量

電子秤

秤食材重量的必備用具。推薦最小單位是 0.5g 的電子秤，能更精準地秤量，很方便。

量匙

秤少量液體、粉類時的必備用具。1 大匙 =15ml、1 小匙 =5ml。也有 1/2、1/4 小匙的規格。

量杯

通常 1 杯 =200ml，但建議使用 500ml 的量杯會更好用。選購耐熱量杯可以直接加熱，很方便。

切碎

手持式電動攪拌器

能將固體和液體一起打成糊狀或水狀。手持式的可直接放入鍋中或容器中使用。

食物調理機

混合、絞碎大量食材時使用。有的食物調理機，具有將固體攪拌成黏稠液體狀的功能。

不銹鋼壓泥器

登場頻率很高的壓泥器。能有效地將加熱過的地瓜、南瓜、馬鈴薯等搗碎。

攪拌

手持打蛋器

能將麵糊、湯水均勻地混合在一起以及打發蛋白時使用。若想打出細膩蛋白，建議使用電動打蛋器。

橡膠刮刀

輕鬆地混合、切、刮麵糊等混合物時使用，是製作甜點的必備用具。

木製開孔鍋鏟

開孔是為了更容易攪拌食材，優點是比較輕、好操作。

過篩

麵粉篩

粉類過篩後,麵糊或麵團會比較均勻、不會結塊。篩網的網眼大小各不同,也可用竹簍代替。

延展

擀麵棍

延展餅乾等麵團時使用。若能搭配尺或套在擀麵棍上的滾輪一起使用,就能擀出厚薄均一的麵團。

造型

矽膠模

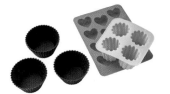

用在蒸蛋糕、凝固寒天果凍時。優點是能用在微波爐和烤箱,容易脫模。

金屬模

與矽膠模具比,金屬模的熱傳導率較佳,建議使用在大型甜點。狗狗點心使用直徑 6～8cm 的模,做起來會比較順手。

圓圈模

沒有底的模,以圓形為大宗。可用在食材塑型,或當烤模、壓模。

壓模

通常用在餅乾等的造型壓模。本書是將煮好的蔬菜壓出年齡、名字,在祝賀的點心上做裝飾使用。

耐熱紙模、馬芬紙模

耐熱紙模通常用於蒸麵包、蒸糕;馬芬紙模適合做杯子蛋糕這類小型蛋糕的烤模。也可以依個人喜好變化不同造型。

鋪底

烘焙墊

將餅乾等放進烤箱烘烤時使用,可重複利用,而且也不會因為流動的油而烤得不均勻。用烘焙紙也可以。

裝飾

刷子

塗抹蛋液時使用。由天然毛製成的刷子柔軟好刷,塗抹黏黏的食材也沒問題。

擠花用具

包含擠花袋和擠花嘴,適合在擠馬鈴薯泥或優格醬等裝飾成品時使用。

要做哪一道？

狗狗點心食材 × 目的一覽表

	散步	訓練	外出	甜點
肉系	● 肉乾 (雞柳、雞肝) ▶ P.30 ・豬肝餅乾 ▶ P.42 ・酥脆雞柳仙貝 ▶ P.56 ・羊奶雪球 ▶ P.60	● 肉乾 (雞柳、雞肝) ▶ P.30 ・豬肝餅乾 ▶ P.42 ・酥脆雞柳仙貝 ▶ P.56	・豬肝餅乾 ▶ P.42 ・蒸肉蛋糕 ▶ P.53 ・酥脆雞柳仙貝 ▶ P.56 ・雞肉條 ▶ P.72	・蒸肉蛋糕 ▶ P.53 ・白玉豆腐水果飲 ▶ P.66 ・草莓聖誕塔 ▶ P.122
魚系	● 肉乾 (鮭魚) ▶ P.30	● 肉乾 (鮭魚) ▶ P.30 ・海鮮仙貝 ▶ P.58	・海鮮仙貝 ▶ P.58	
粉類系	● 麵包丁 ▶ P.45 ・雞蛋小饅頭 ▶ P.46 ・香蕉燕麥餅 ▶ P.48	・起司沙布列 ▶ P.44 ・麵包丁 ▶ P.45 ・雞蛋小饅頭 ▶ P.46 ・香蕉燕麥餅 ▶ P.48	● 麵包丁 ▶ P.45 ・香蕉燕麥餅 ▶ P.48 ・山藥蒸糕 ▶ P.52	・蘋果蒸包 ▶ P.50 ・山藥蒸糕 ▶ P.52 ・可麗露 ▶ P.84
甜味系	● 納豆球 ▶ P.49 ・幸運餅乾 ▶ P.80	● 納豆球 ▶ P.49	・黃豆粉棒 ▶ P.61 ・地瓜金磚 ▶ P.74 ・南瓜蒸包 ▶ P.82	・黑糖豆花凍 ▶ P.38 ・義式奶酪 ▶ P.40 ・焙茶布丁 ▶ P.41 ・黃豆粉棒 ▶ P.61 ・南瓜蒸包 ▶ P.82 ・三色羊奶菱餅 ▶ P.108 ・三色丸子 ▶ P.118
蔬菜・水果系	●★ 果乾 (奇異果、小番茄) ▶ P.30 ● 草莓羊奶寒天 ▶ P.34 ★ 寒天水晶球 ▶ P.36 ★ 粉紅心寒天 ▶ P.106	●★ 果乾 (奇異果、小番茄) ▶ P.30	・草莓羊奶寒天 ▶ P.34 ★ 寒天水晶球 ▶ P.36	★ 蜜黑豆寒天凍 ▶ P.37 ● 草莓羊奶飲 ▶ P.62 ・蘋果塔 ▶ P.78 ●★ 夏日時蔬杯 ▶ P.114 ・玉米聖代 ▶ P.116 ・南瓜可樂餅 ▶ P.120

● = 簡單

★ = 低熱量

自製毛孩點心的好處是，可以根據功能目的、愛犬的喜好變換食材內容。
因此，我建議依照目的和食材將點心表格化，方便飼主依循餵食。

看家	補充水分	提升食慾	餵藥
● 肉乾 （雞柳、雞肝）▸ P.30 · 豬肝餅乾 ▸ P.42 · 酥脆雞柳仙貝 ▸ P.56 · 羊奶雪球 ▸ P.60	· 白玉豆腐水果飲 ▸ P.66 · 水餃湯 ▸ P.68 · 抹茶風紅豆湯 ▸ P.102	· 蒸肉蛋糕 ▸ P.53	· 蒸肉蛋糕 ▸ P.53 · 白玉豆腐水果飲 ▸ P.66
● 肉乾（鮭魚）▸ P.30 · 海鮮仙貝 ▸ P.58		· 鮭魚香鬆 ▸ P.86	
· 起司沙布列 ▸ P.44 · 香蕉燕麥餅 ▸ P.48 · 蘋果蒸包 ▸ P.50 · 山藥蒸糕 ▸ P.52	· 黃豆粉芝麻布丁 ▸ P.76	· 蘋果蒸包 ▸ P.50 · 山藥蒸糕 ▸ P.52 · 黃豆粉芝麻布丁 ▸ P.76	· 蘋果蒸包 ▸ P.50 · 山藥蒸糕 ▸ P.52
	· 黑糖豆花凍 ▸ P.38 · 義式奶酪 ▸ P.40 · 焙茶布丁 ▸ P.41 · 雞蛋布丁 ▸ P.54 · 三色羊奶菱餅 ▸ P.108	· 雞蛋布丁 ▸ P.54 · 黃豆粉棒 ▸ P.61	· 黃豆粉棒 ▸ P.61 · 地瓜金磚 ▸ P.74 · 三色丸子 ▸ P.118
●★ 果乾 （奇異果、小番茄） ▸ P.30	●★ 西瓜碎 ▸ P.26 ● 草莓羊奶寒天 ▸ P.34 ★ 寒天水晶球 ▸ P.36 ● 草莓羊奶飲 ▸ P.62 ●★ 西班牙雞絲冷湯 ▸ P.64 ★ 南瓜濃湯 ▸ P.65 ★ 粉紅心寒天 ▸ P.106 ●★ 夏日時蔬杯 ▸ P.114	● 草莓羊奶飲 ▸ P.62 ★ 南瓜濃湯 ▸ P.65	● 清蒸地瓜 ▸ P.29 ● 草莓羊奶飲 ▸ P.62 · 南瓜可樂餅 ▸ P.120

有好多
功能喔！

可以給狗狗吃點心嗎？

每種都
好想吃喔

我曾遇過「從沒給狗狗吃過點心」的飼主。當然，有害健康的量及內容物另當別論，但是下午茶對我們來說是歡樂時光，對狗狗們來說也是一種心靈養分。

所謂的狗點心，不只是市售的袋裝零食、餅乾、蛋糕等要花費時間與工夫的點心，像是水果，就是一種可以隨時提供並補充水分，也是最讓飼主安心的優秀點心（葡萄禁止）。

此外，讓狗狗啃咬生骨頭等硬的東西也很重要，因為會運用到下顎，能刺激腦部、釋放壓力，對安定精神、預防老犬失智症也有效果。除此之外，啃咬動作能分泌唾液，幫助口腔內殺菌，具有抗菌、中和致癌物質、幫助消化等好處。

第一次給狗狗啃骨頭的話，請先從雞翅這類較細小的生骨頭開始嘗試，同時觀察牠們的大便情形以隨時調整。若擔心會把骨頭吞進去，飼主可以手拿骨頭讓牠們啃，等啃到變小時再放開，默默在一旁守護著。務必和愛犬一起共度好吃、開心的下午茶時間喔！

水果

西瓜、草莓、梨子、
桃子、奇異果、藍莓等

骨頭

雞翅膀、脫水鹿肋骨等

* 可在肉鋪、寵物專賣店購買。煮熟會造成骨頭縱向斷裂傷到狗狗，切記不要加熱。

Chapter 2

日常簡單好做的美味狗點心

本單元介紹日常給狗狗吃的點心做法，有直接用原食材做成的點心，也有要稍微下點工夫的可愛甜點。可以作為帶狗狗散心的小點心、訓練的獎勵零食，或給不愛喝水的狗狗補充水分等，就算不擅長料理的飼主也能簡單完成。

直接使用原食材不另外加工,就是一道非常美味的狗點心。首先介紹「只要一個步驟」就能做成的超簡單點心。

西瓜碎

直接吃就很香甜的西瓜,直接搗碎放入碗中,
很適合作為夏日外出散步時的水分補給飲品!

搗碎就像喝飲料的感覺,適合外出餵食

材料

● 西瓜 … 適量

作法

1 先將西瓜洗淨切開,去皮後切適當大小、去籽,備用。

2 放入碗中,再用叉子搗碎即可。

難易度
★☆☆

調理時間
約 **3** 分鐘

可保存期間
冷藏 **2 ～ 3** 天

難易度	★☆☆
調理時間	約 **5** 分鐘
可保存期間	冷藏 **1** 天

材料
- 魚片…2～3片
- 油…少許

作法

1 加熱平底鍋，抹上薄薄的油，再用廚房紙巾稍微擦拭（若使用不沾鍋不需加油）。

2 將魚片放入平底鍋中，兩面煎熟即可！

嗅嗅，
好香喔～

乾煎魚片

魚片去骨、刺後，煎過就很香，
也好入口，一道新鮮營養的點心就完成。

水煮雞柳

只需將雞柳煮熟再撕成細絲，
就是日常餵食的健康點心！

材料

● 雞柳 … 1 條

作法

1 煮一鍋沸水，放入雞柳煮
  5 分鐘。

2 取出雞柳放涼，只要用手
  撕即可！煮好的湯可變成
  高湯製作點心，也可直接
  當作水分補給。

難易度	★☆☆
調理時間	約 **10** 分鐘
可保存期間	冷藏 **2 ~ 3** 天

難易度	★☆☆
調理時間	約 **15** 分鐘
可保存期間	冷藏 **2 ~ 3** 天 常溫 **1 ~ 2** 天

清蒸地瓜

狗狗們也超愛甜地瓜！
用蒸的能增加甜味，像在吃烤地瓜的感覺。

材料

● 地瓜 … 1 條

用具

● 蒸籠（也可用電鍋或炒鍋）

作法

1 地瓜洗淨後切片。

2 煮一鍋沸水，將放地瓜的蒸籠放入鍋中、蓋上蓋子。調整火力，維持蒸氣會從蓋子上冒出的熱度，蒸 10 分鐘即可，放涼食用！

飼主也能
一起享用

Daily
乾燥

將食材乾燥不僅增加保存期限，更能隨時餵食非常方便。
以下將介紹 4 種乾燥方法、優缺點和製作重點。

試試看
乾燥各種
食材！

各種乾物

若能在家做出市售的肉乾、果乾
不僅吃得安心，成本也低！

材料

- ● 雞柳
- ● 雞肝
- ● 雞軟骨
- ● 鮭魚
- ● 鮪魚
- ● 柴魚
- ● 南瓜
- ● 奇異果
- ● 蘋果
- ● 小番茄

※ 魚和肉要選擇脂肪少的部位，
或是仔細地將脂肪切掉。

若有微波爐就
能馬上做了

日曬

費工
★☆☆

乾燥時間
2 ~ 3 天

可保存期間
常溫約 **1** 週
冷藏約 **5** 天
冷凍約 **1** 個月

優點
- ● 日照下自然將水分蒸散，水果的甜味較強烈。

缺點
- ● 為了給狗狗吃，所以沒有用鹽，魚、肉容易發霉腐爛，不適用。
- ● 易受天候影響。

烤箱

費工
★★☆

乾燥時間
40 ~ 50 分鐘

可保存期間
常溫約 **1** 週
冷藏約 **1** 週
冷凍約 **1** 個月

優點
- ● 烤得酥脆，提高適口性。
- ● 肉、軟骨、魚骨等各種食材都可做。

缺點
- ● 烤的時間長，會耗費較多電費。
- ● 蔬菜、水果的水分容易被烤乾。

微波爐

費工
★★☆

乾燥時間
5 ~ 10 分鐘

可保存期間
常溫約 **1** 週
冷藏約 **1** 週
冷凍約 **1** 個月

優點
- ● 隨時可做，量少也能做。

缺點
- ● 無法一次大量製作。
- ● 不易調整火候。

食物乾燥機

費工
★☆☆

乾燥時間
8 ~ 10 小時

可保存期間
常溫約 **1** 週
冷藏約 **2 ~ 3** 天
冷凍約 **1** 年

優點
- ● 低溫調理，能保留酵素。
- ● 能抑制乾燥過程中細菌的產生。
- ● 能一次大量製作。

缺點
- ● 需購買機器才行。
- ● 需花費時間和電費，少量製作也划不來。

乾燥

POINT
- 食材冷凍過後再切，能切得薄也能殺菌。
- 若想減少魚、肉的脂肪，乾燥前可先稍微煮一下。

日曬

作法

蔬菜、水果切 3mm 左右的薄片，整齊地排列在竹簍上。

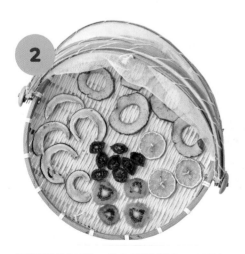

天氣好的時候，放在室外曬 2～3 天。

烤箱

作法

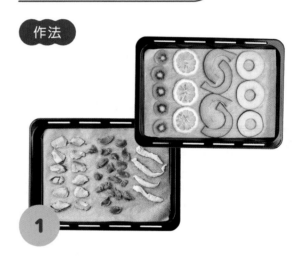

食材切 3mm 左右的薄片，整齊地排列在烤盤上（食材間不重疊）。

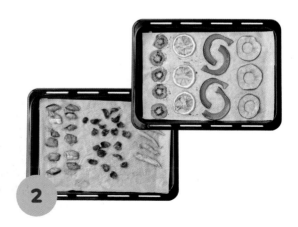

用 160℃烤 40 分鐘，翻面再烤 10 分鐘。

主人也可以
一起吃喔！

微波爐

作法

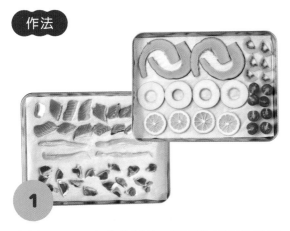

1

食材切 3mm 左右的薄片，整齊地排列在烘焙
紙上，上面再蓋一張烘焙紙。

2

魚、肉用 500W 的微波爐微波 5 分鐘，拿掉上
面的烘焙紙再微波 5 分鐘，上下翻面後繼續微
波 3 分鐘。蔬菜、水果微波 2 分鐘，拿掉上面
的烘焙紙再微波 2 分鐘，上下翻面後繼續微波
1 分鐘。

食物乾燥機

作法

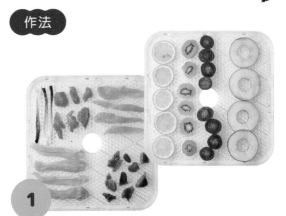

1

食材切越薄越好，整齊地排列在乾燥機的盤子。

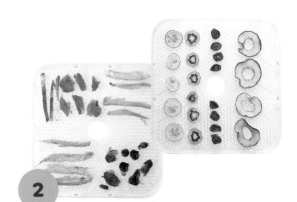

2

用 40 ～ 60℃的低溫烘乾 8 ～ 10 小時（機種
不同，烤溫、時間也會不同，請依說明書指示
操作）。

※為能安全保存，想再更加乾燥時，可再用烤箱烤 5 分鐘，
　讓水分確實蒸散。

用寒天、吉利丁凝固做成的點心，
適合攜帶外出餵食，也能補充水分！

草莓羊奶寒天

草莓和羊奶的紅白配色，光看就很可愛。
也可更換愛犬喜歡的水果！

難易度
★☆☆

調理時間
約 **20** 分鐘

可保存期間
冷藏 **2 ～ 3** 天

用寒天凝固
草莓和羊奶，
狗狗就會很興奮喔！

就算沒有食慾，
也能吃得下

材料（1 個 8x12x4cm 模型的量）

● 草莓 … 約 6 顆
● 羊奶 … 200ml
　（可換成豆漿、杏仁奶）
● 寒天粉 … 2g

用具

● 寬淺保鮮盒

1

羊奶倒入鍋中，加入寒天粉攪拌均勻。

2

開火，煮至沸騰 1～2 分鐘後關火。草莓洗淨切對半，整齊地排列在保鮮盒中。

3

羊奶稍微放涼，趁全涼之前倒入保鮮盒中。

4

隔冰水冰鎮或是放入冰箱冷藏 15～30 分鐘，凝固就完成了。

難易度	★★☆
調理時間	約 **40** 分鐘
可保存期間	冷藏 **2 ～ 3** 天

寒天水晶球

可以任意加入愛犬喜歡的水果、肉、魚，想放什麼就放什麼。食材煮熟放涼，全都加進去再凝固，就是一道美味的點心。

連果凍都有雞柳的味道♪

材料 （約 10 顆）

- 藍莓 … 約 **10** 顆
- 奇異果 … 約 **½** 顆
  （可替換喜歡的水果或蔬菜）
- 雞柳 … 約 **1** 條
- 寒天條 … 約 **½** 條

用具

- 章魚燒機（或製冰器、塑膠保鮮盒）

作法

1. 寒天條泡水軟化。奇異果去皮切大塊，藍莓大顆的話就切對半。

2. 煮沸一鍋 300ml 的水（分量外），加入雞柳煮 5 分鐘，煮熟後取出，放涼撕細絲。

3. 擰乾 **1** 的寒天條，邊撕邊放入尚未關火的 **2** 的熱水中，煮溶化後關火，稍微放涼。

4. 將 **1** 的奇異果、藍莓和 **2** 的雞柳絲放入章魚燒機。

5. 趁 **3** 完全涼之前倒入 **4** 中，隔冰水冰鎮或是放入冰箱冷藏 15 ～ 30 分鐘，凝固就完成了。

難易度
★★☆
—
調理時間
約 **40** 分鐘
—
可保存期間
冷藏 **2 ～ 3** 天

蜜黑豆寒天凍

不甜，但有甜點店的氛圍，
也能補充到膳食纖維和維生素。

材料 （約1杯）

- 雞柳 … 約 1 條
- 地瓜 … 40g（約 1/6 個）
- 熟黑豆 … 1 大匙
- 埃及帝王菜粉 … ½ 小匙
- 黑蜜 … 極少量（也可不放）
- 寒天條 … 約 ½ 條

用具

- 方形保鮮盒（約 15x15cm）
  或牛奶盒 … 2 個

作法

1. 寒天條泡水軟化。地瓜切 1cm 圓片，煮或蒸都行，微波的話先蓋上保鮮膜再用 500W 的微波爐微波 3 分鐘。

2. 煮沸一鍋 300ml 的水（分量外），加入雞柳煮 5 分鐘，煮熟後取出。

3. 擰乾 **1** 的寒天條，邊撕邊放入尚未關火的 **2** 的熱水中，煮 2 分鐘溶化後，把一半的量倒入一個模中。

4. 埃及帝王菜粉加入 **3** 的鍋中煮溶，倒入另一個模中。連 **3** 一起隔冰水冰鎮或是放入冰箱冷藏 15 ～ 30 分鐘，凝固。

5. 做好的兩種寒天和 **1** 的熟地瓜都切 1cm 塊狀，和熟黑豆一起盛盤。可依狗狗的喜好加入極少量的黑蜜就完成了。可將雞柳撕成雞絲放在上面，或是當作飯的配菜也可以。

難易度	★★☆
調理時間	約 **30** 分鐘
可保存期間	冷藏 **2 ～ 3** 天

黑糖豆花凍

用豆漿做的軟嫩美味道地甜點。
淋上一點黑糖也能補充到礦物質！

材料（約2杯）

● 無糖豆漿 … 200ml
● 黑糖 … 1 大匙
● 吉利丁粉 … 2 小匙
● 枸杞 … 2 ～ 3 粒

用具

● 橡膠刮刀

沒想到
這麼簡單

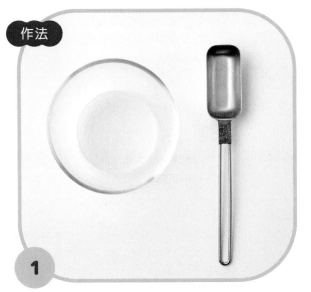

1

吉利丁粉放入 1½ 大匙冷水（分量外）中，
拌勻後靜置 15 分鐘以上。枸杞泡水備用。

2

將無糖豆漿 100ml 倒入鍋中，開小火。有
水蒸氣上來後就關火，將 **1** 倒入拌到完全
溶化。

3

將 **2** 和剩下的 100ml 無糖豆漿倒入碗中，
隔冰水（分量外）冰鎮的同時，用橡膠刮
刀攪拌至呈現Q彈狀。

4

黑糖和 1 大匙水（分量外）加入鍋中煮溶，
淋在 **3** 上、放枸杞就完成了。

難易度	★★☆
調理時間	約 **30** 分鐘
可保存期間	冷藏 **2 ～ 3** 天

義式奶酪

將源自義大利的甜點改造成狗狗點心。
純葛粉和吉利丁能促進血液循環，也能補充膠原蛋白！

材料 （約2杯）

- 杏仁奶 … 150ml
- 椰奶 … 100ml
- 純葛粉 … 6g
- 吉利丁粉 … 2 小匙
- 楓糖漿 … 1 小匙
- 奇異果、蒔蘿等（可換成喜歡的水果）

用具

- 橡膠刮刀、保鮮盒

作法

1 吉利丁粉放入 1½ 大匙冷水（分量外）中，輕輕攪拌，靜置 15 分鐘以上。

2 杏仁奶、純葛粉倒入鍋中拌勻、開火，沸騰後轉小火煮 3 分鐘。

3 一邊慢慢地將椰奶倒入 2 的鍋中邊攪拌，拌到滑順後關火。接著加入 1 的吉利丁和楓糖漿拌勻。

4 鍋底隔冰水（分量外）冰鎮，同時用橡膠刮刀攪拌至稠狀後倒入保鮮盒中。放進冰箱冷藏 1 ～ 2 小時凝固。

5 奇異果洗淨去皮切小塊、蒔蘿洗淨切小朵。餵食前再放到奶酪上就完成了。

皮膚也會
Q彈！？

難易度
★★☆

調理時間
約 **50** 分鐘

可保存期間
冷藏 **2 ～ 3** 天

幫我放進容易
吃的碗裡喔

焙茶布丁

焙茶中的葉酸能療癒心情、提升快樂情緒。
布丁上可以放喜歡的水果或是煮熟的雞柳增加風味！

材料（約2杯）

● 焙茶 … 150ml
● 羊奶 … 100ml
● 吉利丁粉 … 2 小匙
● 鳳梨 … 適量
● 檸檬汁 … 少許
● 藍莓等（可換成喜歡的水果）

用具

● 濾茶器、玻璃布丁杯

作法

1 吉利丁粉放入 1½ 匙冷水（分量外）中，輕輕攪拌，靜置 15 分鐘以上。

2 焙茶、羊奶倒入鍋中，開火加熱，水蒸氣上來就關火，加入 **1** 拌至完全溶化。

3 將濾茶器放在布丁杯上面，倒入 **2** 過濾。

4 放進冰箱冷藏 1 ～ 2 小時凝固。鳳梨切碎塊拌入檸檬汁，再和藍莓等喜歡的水果一起裝飾在上面就完成了。

用烤箱或是平底鍋就能做的經典點心。
這裡將介紹各種餅乾、小饅頭餅乾的做法！

豬肝餅乾

大量使用狗狗喜愛的豬肝製成，餅乾也含有豐富的
礦物質。但要注意不能讓狗狗吃過量囉！

難易度
★★☆

調理時間
約 **30** 分鐘

可保存期間
冷藏・常溫 **5** 天
冷凍 **1** 個月

一吃就愛上的
美味！

看起來像
濃厚的巧克力餅乾！
也適合當作訓練的獎勵

材料 （約1個 15x15cm 模的量）

● 豬肝 … 200g
● 燕麥片 … 50g
● 米粉 … 50g
● 角豆粉 … 1 大匙
● 植物油 … 2 大匙

用具

● 食物調理機
　或果汁機
● 擀麵棍

1

將所有材料都倒入調理機中打勻。

2

將 **1** 倒在烘焙紙上、蓋上保鮮膜，用擀麵棍延展成 5 ～ 7mm 厚的四方形。

3

將 **2** 放進預熱到 170℃的烤箱中烤 20 分鐘。

4

放涼後，切成容易入口的大小就完成了。

起司沙布列

鹽分少的新鮮起司最適合當作狗點心。
用吸管戳洞，看起來就很可愛！

難易度
★★☆

調理時間
約 **30** 分鐘

可保存期間
冷藏・常溫
3～5 天

材料 （約6塊）

- 瑞可塔起司 … 70g
- 豆漿 … 1 大匙
- 植物油 … 1 大匙
- 麵粉 … 20g
- 太白粉 … 45g

用具

- 麵粉篩或濾網
- 直徑約 12cm 的圓圈模

作法

1 將瑞可塔起司包在棉布裡擠掉水分，回到常溫狀態。

2 將 **1**、豆漿和植物油放入調理碗中拌勻。

3 將麵粉和太白粉過篩並混合，再倒入 **2** 中攪拌均勻。

4 將 **3** 倒在烘焙紙上，用擀麵棍延展成 5～8mm 厚，再用圓圈模壓出圓形。接著像切披薩一樣切成 6 等分，最後再用吸管戳幾個洞，做出起司造型。

5 放進預熱到 170℃ 的烤箱中烤 15 分鐘，烤到金黃就完成了。

麵包丁

利用土司邊，就能快速做出餅乾的感覺！
成本很低，滋味卻很好喔！

難易度
★ ☆ ☆

調理時間
約 **30** 分鐘

可保存期間
常溫 **4 ～ 5** 天

都是我喜歡的
配料耶

材料

● 土司邊 ··· 1 片
● 圓形麩 ··· 20g（若有）
● 豆漿 ··· 50ml（羊奶也 OK）
● 黃豆粉、海苔粉、芝麻粉 ··· 適量

作法

1 將切一口大小的麵包邊或圓形麩
　 泡在豆漿裡 10 分鐘以上。

2 將 **1** 排在廚房紙巾上，吸取掉多
　 餘豆漿後，再整齊地排列在烘焙
　 紙上。

3 放進預熱到 200℃的烤箱中烤 10
　 分鐘，翻面再烤 3 分鐘。

4 撒上黃豆粉或海苔粉、芝麻粉就
　 完成了。

難易度
★★☆

調理時間
約 **25** 分鐘

可保存期間
常溫 **4～5** 天

雞蛋小饅頭

只需簡單的材料，
沒有烤箱用平底鍋也能做出經典點心！

外觀也
好可愛喔

把材料搓圓，
放進平底鍋中
煎熟就行了！

材料（約1碗）

● 蛋黃⋯1顆
● 豆漿⋯1大匙（開水也 OK）
● 太白粉⋯80g
● 植物油⋯少許

1

將蛋黃、豆漿放入調理碗中拌勻。

2

太白粉慢慢地加入 **1** 中，用橡膠刮刀大致拌勻，再搓成 1cm 的球狀。

3

將 **2** 放入抹了一層薄油的平底鍋中，蓋上蓋子以極小火燜煎 15 分鐘。

4

不時拿起鍋子邊搖晃邊煎 3 ～ 5 分鐘，全都煎到金黃就完成了。

難易度	★★☆
調理時間	約 **25** 分鐘
可保存期間	常溫 **4 ～ 5** 天

香蕉燕麥餅

香蕉和燕麥片的組合非常完美！
不僅有豐富的膳食纖維，也具有整腸功能。

材料（約 12 個直徑 3cm 的餅乾）

- 燕麥片 … 70g
- 香蕉 … 1 根
- 魩仔魚 … 1 小匙
- 肉桂粉 … 少許
- 油 … 少許

作法

1 香蕉去皮，放入微波爐以 500W 微波 1 分鐘，取出用叉子搗碎。

2 將 **1** 和燕麥片、魩仔魚、肉桂粉放入調理碗中，攪拌均勻。

3 將 **2** 揉成圓形再壓扁成 1cm 厚，約可做 12 個。

4 平底鍋抹一層薄油，開小火、將 **3** 放入，蓋鍋蓋燜煎兩面各 3 ～ 4 分鐘，呈金黃色就完成了。

納豆球

放入塑膠袋中，用力搖晃即可！
沒有炒過直接餵食也無妨。

材料（約1盒）

● 納豆 … 1盒
● 紅豆粉 … 3大匙

作法

1 將所有材料放入塑膠袋中，搖晃均勻。

2 平底鍋加熱，放入 **1**，以小火拌炒 30 秒即可。也可不用炒直接餵食。

最愛納豆！

難易度	★☆☆
調理時間	約 **5** 分鐘
可保存期間	常溫 **4 ～ 5** 天

「蒸」的調理法可以保留最多營養和美味。
沒有蒸籠也沒關係，用家中既有的調理用具就行了。

蘋果蒸包

只需加入喜歡的水果和蔬菜。
甘酒的圓潤口味，狗狗們也大滿足！

難易度
★★☆

調理時間
約 **30** 分鐘

可保存期間
冷藏・常溫 **3 ~ 5** 天
冷凍 **1** 個月

※ 若要冷凍，先分別用保鮮
膜包起來再放入夾鏈袋中
保存。解凍時，先撒一點
點水再用微波爐加熱或電
鍋蒸。

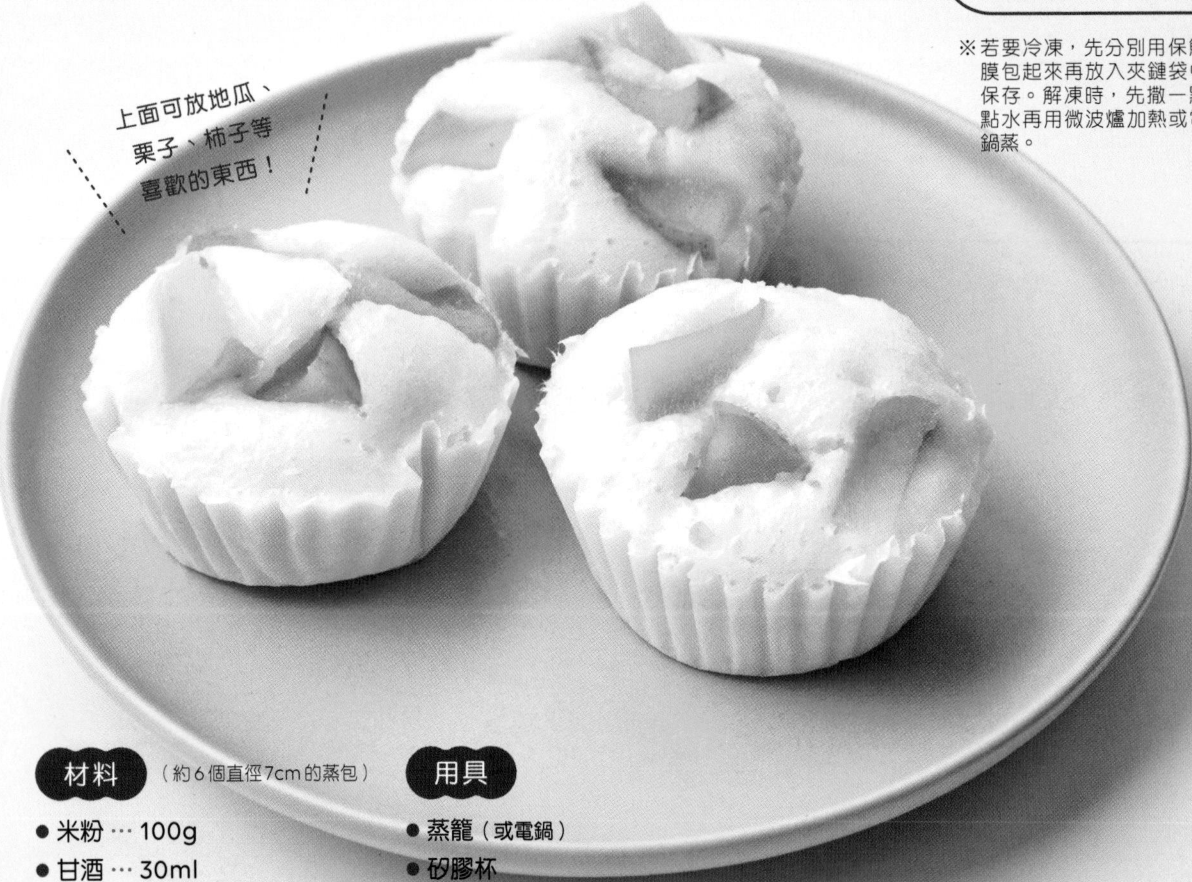

上面可放地瓜、
栗子、柿子等
喜歡的東西！

材料（約6個直徑7cm的蒸包）

- 米粉 … 100g
- 甘酒 … 30ml
- 蘋果 … 約 1/4 顆
- 泡打粉 … 1 小匙
- 檸檬 … 圓片 1 片

用具

- 蒸籠（或電鍋）
- 矽膠杯
- 同矽膠杯大小的耐熱紙模

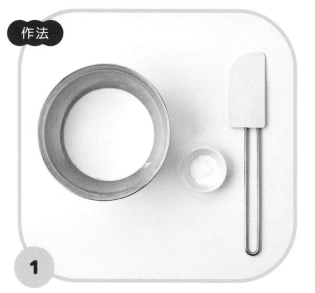

1

將米粉、甘酒和 100ml 水（分量外）混合
均勻後，放進冰箱冷藏 1 小時，接著再加
入泡打粉拌勻。

2

將耐熱紙模放入矽膠膜等模具中，再將 **1**
倒入。

3

蘋果洗淨去皮切小塊，再和檸檬圓片一起放
入鍋中，以小火邊煮邊攪拌 5 分鐘（也可
以放入耐熱容器中蓋上保鮮膜，用 500W
的微波爐微波 2 ～ 3 分鐘），接著再放入
2 的模具中。

4

先煮一鍋滾水，再將 **3** 放入蒸籠，蒸籠架
在滾水鍋上，蓋上蓋子。調整火力，維持
蒸氣會從蓋子上冒出的熱度，蒸 10 分鐘就
完成了。

難易度	★★☆
調理時間	約 **40** 分鐘
可保存期間	冷藏・常溫 **3 ～ 5** 天 冷凍 **1** 個月

材料 （5 個 6.4x6x2.7cm 梅花形模的量）

- 山藥 … 100g（約 4cm 長）
- 上新粉 … 100g
- 蛋白 … 1 顆蛋
- 羊奶粉 … 50g

用具

- 蒸籠（或電鍋）
- 手持式電動攪拌器
  （也可用手持式打蛋器）
- 梅花造型矽膠杯

作法

1 山藥削皮磨泥倒入碗中。羊奶粉分三次撒入，每次都要攪拌均勻。

2 另取一個碗，打入蛋白，並打發成尖角直立的蛋白霜。加入 **1** 中拌勻，再加入上新粉輕輕地拌勻。

3 將 50ml 水（分量外）分三次加入 **2** 中，每次加水都要先拌勻再加下一次。完成後倒入模具中。

4 將 **3** 放入蒸籠（或電鍋）中蒸 20 分鐘就完成了。

白白的
好可愛～

山藥蒸糕

將營養成分高的山藥加入羊奶增加適口性，
製作成狗狗喜歡的口味。

難易度
★★☆

調理時間
約 40 分鐘

可保存期間
冷藏・常溫
3 ～ 5 天
冷凍 **1** 個月

蒸肉蛋糕

雖然看起來像磅蛋糕，
實際上是用肉粉做出來的百分百「肉包」喔。

材料 （1 個約 9x18x4.8cm
磅蛋糕模的量）

● 肉粉 … 30g
　※將肉乾（P30）用磨粉機或
　　食物調理機等磨成粉末。

● 蛋 … 1 顆
● 豆漿 … 120ml
● 豆渣粉 … 30g
● 角豆粉 … 1 大匙
● 泡打粉 … 1 小匙

用具 ● 磅蛋糕模　　● 蒸籠（或電鍋）

作法

1 將肉粉、豆渣粉、角豆粉、
泡打粉都放入碗中，攪拌
均勻。

2 拿另一個碗，打入一顆蛋，
倒入豆漿一起拌勻。接著
再慢慢地倒入 **1** 中拌勻。

3 磅蛋糕模中鋪烘焙紙，將
2 倒入後，把模具輕敲桌
面排出空氣。

4 將 **3** 放入蒸籠（或電鍋）
中蒸 20 分鐘即可。冷卻
後切成容易入口的大小。

雞蛋布丁

只是將蛋、燕麥粉和少許的楓糖漿拌勻蒸熟的簡單布丁。

難易度
★★☆

調理時間
約 **30** 分鐘

可保存期間
冷藏 **2 ～ 3** 天

好吃又營養，
適合在沒有食慾
的時候享用

放我喜歡的
水果喔

材料 （約2杯）

● 蛋 … 2 顆
● 燕麥奶 … 100ml
　（也可用杏仁奶或羊奶代替）
● 楓糖漿 … 1 大匙
● 覆盆子、藍莓、奇異果等
　（可換成喜歡的水果）

1

將 1 顆全蛋、1 個蛋黃、楓糖漿加入碗中攪拌均勻,備用。

2

燕麥奶倒入鍋中,以小火煮熱但不要沸騰(或可用 500W 微波 30 秒),邊倒入 **1** 邊輕輕地拌勻。

3

將濾茶器放在布丁杯上面,倒入 **2** 過濾,再用鋁箔紙蓋緊杯口。

4

將 **3** 放入鍋中,倒入約布丁杯一半高度的熱水,開中火加熱 1 分鐘,再轉極小火加熱 15 分鐘,取出冷卻。餵食前再放上喜歡的水果就完成了。

只需微波即可。製作時間短又簡單，
就能做出多變又美味的點心。

酥脆
雞柳仙貝

雞柳切薄再微波，
就能做出深受狗狗喜愛的仙貝點心！

難易度
★◐☆

調理時間
約 **30** 分鐘

可保存期間
常溫 **3 ～ 5** 天

酥脆的口感
一吃就愛上！
撒點鹽巴就
可以和主人共享！

熱量低
真健康！

材料 （5～6片）

● 雞柳 … 1條
● 肉桂粉 … 少許
● 海苔粉 … 少許

1

用刀去除雞柳的筋。

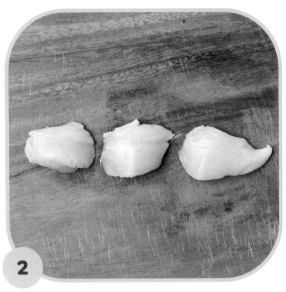

2

再切成 **1** 切 5～6 等分的薄片。

3

將雞肉等間隔排列在烘焙紙上，蓋上保鮮膜。用杯底輕敲雞肉，延展到半透明狀。

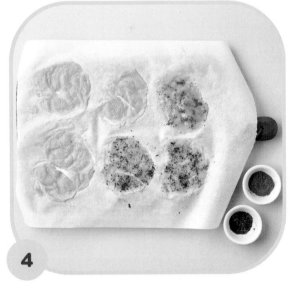

4

取下保鮮膜，撒上肉桂粉、海苔粉。用 500W 微波 5 分鐘，翻面再微波 3 分鐘，加熱到表面呈金黃色就完成了。

樱花蝦有
抗氧化作用！

難易度
★★☆
調理時間
約 **30** 分鐘
可保存期間
常溫 **3 ～ 5** 天

海鮮仙貝

富含豐富海味的仙貝，狗狗單純吃就很開心；
若塗上醬油烤，主人也能一起享用。

材料（約 12 片）

- 糯米粉 … 100g
- 魩仔魚 … 2 大匙
- 櫻花蝦 … 2 大匙
- 海苔粉 … 少許
- 白芝麻 … 少許

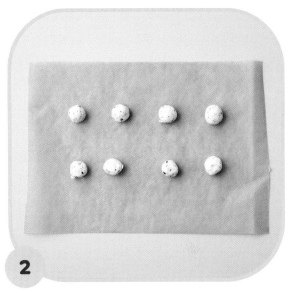

1

將糯米粉和 90ml 水（分量外）倒入碗中拌勻。分別放入兩個容器中，一個容器加入魩仔魚和海苔粉，另一個容器加入櫻花蝦和白芝麻。

2

將 **1** 的兩個麵團和食材拌勻後，再揉成 2 ～ 3cm 的小球狀，等間隔排列在烘焙紙上。

3

將 **2** 蓋上保鮮膜，用杯底壓平。另取一盤子鋪上廚房紙巾再放上 **2**，取下保鮮膜，放入微波爐。

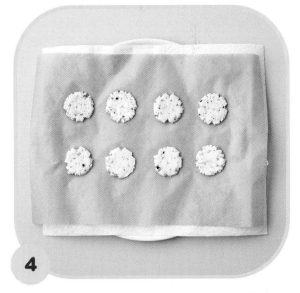

4

以 500W 微波 2 分 30 秒，換方向再微波 1 分 30 秒，最後上下翻面再微波 1 分 30 秒就完成了。

難易度	★★☆
調理時間	約 **20** 分鐘
可保存期間	常溫 **2 ～ 3** 天

羊奶雪球

口感鬆軟、入口即化的雪球。
也適合餵食牙口不好的老犬！

材料 （約12個）

- 米粉 … 60g
- 肉粉 … 2 大匙
  ※ 將肉乾（P30）用磨粉機或食物調理機等磨成粉末。
- 椰子油　2 大匙
- 羊奶粉　適量

作法

1 將米粉、肉粉、椰子油倒入塑膠袋中搓揉均勻。揉到沒有水分，再加入少許水或羊奶（液體）等拌勻。

2 將 **1** 搓成 2cm 的圓球狀，等間隔排列在耐熱容器上。

3 將 **2** 放入微波爐，以 500W 微波 1 分 30 秒～ 2 分鐘。取出後再撒上羊奶粉就完成了。

難易度	★☆☆
調理時間	約 **20** 分鐘
可保存期間	常溫 **3 ～ 5** 天

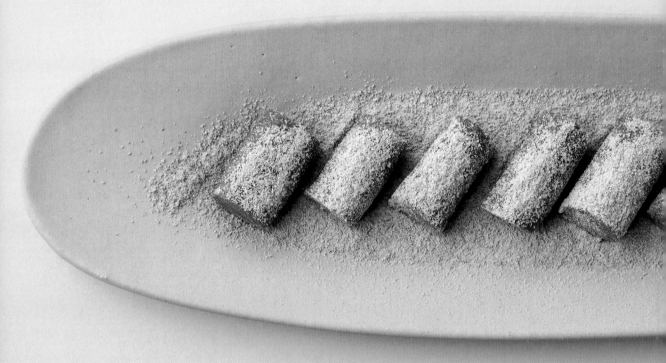

黃豆粉棒

古早味的經典零食，深受沒有食慾的老犬喜愛，
很適合當成包藥的零食喔！

和藥一起吃
我不會發現喔

材料 （約 4 根直徑 1.5x 長 15cm 的黃豆粉棒）

● 黃豆粉 … 約 90g
● 楓糖漿 … 3 大匙

作法

1 將楓糖漿和 2 ～ 3 大匙的水（分量外）倒入耐熱容器中拌勻，再用 500W 微波 1 分鐘，呈琥珀色。

2 將黃豆粉慢慢加入 **1** 中拌勻，直到似味噌濃稠感。

3 鋪一張烘焙紙，將 **2** 倒在烘焙紙上，延展成棒狀。

4 將 **3** 切適當長度，再撒上黃豆粉就完成了。

作為狗狗水分補給的最佳後援,讓不愛喝水的毛孩,
享用美味湯汁點心時,同時補充到水分。

材料 （1杯）

- 草莓…2～3顆
- 羊奶…200ml

用具

- 手持式電動攪拌器或
  果汁機

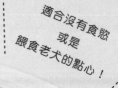

適合沒有食慾
或是
餵食老犬的點心!

草莓羊奶飲

只要混合草莓和羊奶!
好消化、也能完美補充水分及維生素。

難易度	★☆☆
調理時間	約 **5** 分鐘
可保存期間	冷藏 **2～3** 天

1

草莓洗淨去蒂頭，切小塊放入碗中，倒入羊奶。

最～愛的
組合♪

2

用手持式電動攪拌器拌勻，再依喜好放上薄荷葉等。

難易度	★★☆
調理時間	約 **20** 分鐘
可保存期間	冷藏 **2 ～ 3** 天 冷凍 **1** 個月

西班牙雞絲冷湯

將西班牙料理中的冷湯改成狗狗也能享用的料理。
是非常適合酷熱天氣時享用的一道清爽點心！

材料（約3杯）

- 雞柳…25g（約½條）
- 番茄…200g（約2小顆）
- 小黃瓜…50g（約½條）
- 青椒…20g（約½個）
- 檸檬汁…少許

用具

- 手持式電動攪拌器或果汁機

作法

1 將 120ml 水（分量外）倒入鍋中煮沸，加入雞柳煮 5 分鐘，取出放涼後撕成雞絲。

2 將番茄、小黃瓜、青椒洗淨，番茄去蒂除籽，全部切成適當的大小。

3 將 **2** 和檸檬汁、放冷的 **1** 湯汁倒入果汁機中打勻。

4 倒入容器中，上面放雞絲就完成了。

難易度	★★☆☆
調理時間	約 **20** 分鐘
可保存期間	冷藏 **2～3** 天 冷凍 **1** 個月

※放入製冰盒等冷凍起來，分多次食用，也可當作點心或配菜。

不要太燙
給我喝喔

材料 （約1杯）

● 南瓜 … 100g（約 1/16 顆）
● 胡蘿蔔 … 50g（約 1/3 條）
● 鱈魚 … 約 50g（約 ½ 片）
● 西洋芹末 … 少許

用具

● 手持式電動攪拌器或果汁機

作法

1 將南瓜、胡蘿蔔、鱈魚洗淨後切適當大小。

2 將 150ml 水（分量外）倒入鍋中煮沸，加入 **1** 煮 10 分鐘。

3 將 **2** 用攪拌器打成糊狀，待冷卻後再依喜好放上西洋芹末即可。

南瓜濃湯

將喜歡的肉、魚、當季蔬菜煮熟再打勻，
就是一道營養滿分的料理。

難易度	★★☆
調理時間	約 **40** 分鐘
可保存期間	冷藏 **2 ～ 3** 天

白玉豆腐水果飲

圓滾滾的白玉豆腐和繽紛水果，乍看像甜點，
其實是用狗狗最愛的雞湯做成的！

加了豆腐和雞柳，
也補充到
蛋白質

看起來
好可愛喔！

材料 （約 3 杯）

- 雞柳 … 1 條
- 糯米粉 … 50g
- 嫩豆腐 … 40 ～ 50g（約 1/6 塊）
- 當季水果 … 依喜好
- 小豆蔻粉、肉桂粉等（可依喜好少量添加）

1

將雞柳放入沸水中煮熟後，取出冷卻再撕成雞絲。

2

將糯米粉和嫩豆腐放入碗中，揉搓均勻至嫩滑狀。再揉成一顆顆適合狗狗食用且不會噎到喉嚨的圓形。

3

煮一大鍋沸水（分量外），加入 **2** 的糯米團煮到浮上水面。

4

拿濾網撈起糯米團放入冰水冰鎮，冷卻後再瀝乾。將 **1** 的湯汁和雞絲倒入容器中，再放進糯米團、喜歡的水果就完成了。

難易度	★★☆
調理時間	約 **30** 分鐘
可保存期間	冷藏 **1～2** 天 冷凍 **1** 個月

※ 經冷凍後，不需退冰，直接下鍋煮即可。

水餃湯

用餃子皮包喜歡的肉、魚再水煮，
連同湯汁一起餵食，非常適合兩餐間的水分補給！

不僅能補充水分，
毛小孩也大滿足！

是我們的
人氣菜色喔

材料（約1碗）

● 餃子皮（未添加食鹽）…5 片
● 豬絞肉 … 50g（也可用喜歡的肉）
● 紫蘇葉…1 片

1

紫蘇葉切碎末,加入豬絞肉中,用手拌勻。

2

將適量的 **1** 放在餃子皮上,半片餃子皮的邊緣沾水後對折、包成半月形。

3

用雙手將 **2** 的餃子皮兩端黏在一起,呈元寶狀。

4

將 250ml 水(分量外)倒入鍋中煮沸,加入 **3** 煮到浮出水面撈起,待水餃和湯放涼,再一起盛盤即可。

※ 餵食時,避免整顆水餃吞下噎到,先切小塊再給狗狗吃。

狗狗點心的分量，該怎麼給呢？

全部完食喔

我們看到雙眼閃耀著光芒，尾巴搖晃不停渴求點心的愛犬，就會捨不得多給一點吧！

「不給牠們好可憐耶」「狗狗會一直叫，叫到吃到東西為止」，於是飼主就餵食過多。也有不少飼主覺得「胖一點才可愛」不太在意自己的愛狗超重。

但，肥胖可是百害無一利，唯有飼主才能幫愛犬把關體重，因此為了牠們的健康，請了解如何調整再餵食吧！

點心非主食，只是兩餐間的零食，主人還是要以主食為優先，吃飯時間一定要在狗狗飢餓的情況下才對，所以請注意分量、時間、餵食的方法。

禁止頻繁給予

通常狗狗消化食物需 3 ～ 6 小時。肚子裡一直有食物的話，會讓肝臟、腸胃沒有足夠的休息時間。因此，請間隔一段時間再餵食吧！

確認點心量和飯量的平衡

一天給的點心基礎量是飯量的 10% 以下。但這只是基礎量，還是要看狗狗的體重、運動量、消化能力來決定多寡。如果點心給太多，飯量就要減少一點。

勿一次給太多量

一次吃太多的話，會對消化造成負擔。因為狗狗每吃一次就開心一次，所以次數多比量多來得好，就算是一片餅乾，也要撕小小塊分多次給。

一日可提供的零食分量

狗的體重	2kg	5kg	10kg	25kg
點心的最大量	5g	8g	15g	30g

Chapter 3

適合
送狗朋友的
點心禮物

狗朋友的生日、特殊活動或是想
表達一點心意的時候，會不會想
送牠們自己親手做的狗狗專用點
心呢？這裡除了教大家適合當禮
物的狗狗點心食譜，也會介紹利
用好取得的素材就能包出可愛禮
物的包裝法。

難易度
★ ☆ ☆

調理時間
約 **40** 分鐘

可保存期間
冷藏 **3 ～ 4** 天

雞肉條

將做成條狀的雞肉放入杯中當禮物。
可以和狗狗一起邊散步邊吃！

連愛犬的那份
一起做，就是一份
令人開心愉快的禮物

材料 （約12條）

● 雞胸肉 … 1 片
● 麵包粉 … 50g
● 海苔粉 … 1 大匙
● 肉桂粉 … 1/2 小匙
● 蛋 … 1 顆
● 麵粉 … 適量

作法

1 去除雞胸肉上的雞皮，切成 5 ～ 8mm 厚度的條狀。

2 將麵包粉、海苔粉、肉桂粉加入研磨缽中，再拿槌磨成更細的粉狀。蛋打入調理碗中打散，將調味過的麵包粉、麵粉分別倒入盤中備用。

3 將 **1** 的雞胸肉依序裹上 **2** 的蛋液→麵粉→調味麵包粉，排列在烘焙紙上。

4 將 **3** 放入已預熱 180℃的烤箱中烤 12 分鐘，翻面再烤 10 分鐘就完成了。

包裝方法

1 將雞肉棒立在紙杯中，OPP 袋子由下往上套入。

2 拿麻繩或是毛線將袋口綁起來，打蝴蝶結。

包裝道具

● 紙杯
● OPP 袋
● 透明膠帶
● 麻繩或毛線

3 用剪刀剪去過長的繩子。

4 為了讓 OPP 袋子有個底的樣子，拿透明膠帶將袋子黏在紙杯底部。

完成！

難易度
★★☆

調理時間
約 **30** 分鐘

可保存期間
常溫・冷藏 **4 ～ 5** 天

類似壽司盒的
土產風包裝
真可愛

for you

裡面裝了
什麼啊？

地瓜金磚

把一塊塊容易入口的地瓜，
像小金塊一樣包起來。

材料 （約16個×2種顏色）

- 地瓜 … 200g（約中型的 1 條）
- 紫地瓜 … 200g（約中型的 1 條）
  ※ 若沒有，一般的地瓜也 OK。
- 蛋黃 … 2 個
- 豆漿 … 約 25ml
- 芝麻 … 少許

作法

1 地瓜洗淨切圓片，煮或蒸熟都行，或是蓋上保鮮膜以 500W 微波 5 分鐘。取出放入調理碗中，再加入 1/2 個蛋黃、一半分量的豆漿，趁熱搗成柔滑泥狀。

2 將 **1** 放在砧板上，整成高度約 2cm 的正方形，再切成邊長為 2cm 的立方體。紫地瓜作法相同。

3 打散 1 個蛋黃，用刷子塗抹在整個 **2** 的上面，排在烘焙紙上、表面撒上芝麻。

4 將 **3** 放進預熱 230℃的烤箱中烤 10 分鐘。表面再刷一層薄薄的蛋黃，繼續烤 2 ～ 3 分鐘就完成了。

包裝道具

- 烘焙紙
- 麻繩
- 做標籤的厚紙等

包裝方法

1 將地瓜塊整齊地排列在烘焙紙中間，用包牛奶糖的方式包起來。首先，先摺出底部的摺痕。

2 上、下烘焙紙向內摺入摺成筒狀，兩端的紙會在靠近中間的地方重疊。

3 左右兩邊多餘的部分，仔細地向內摺入。

4 用麻繩綁起來，在烘焙紙上打十字結，接著再穿過標籤紙、打平結。

5 兩條多餘的麻繩在適當的長度打單結，可當提把，再剪掉多餘的麻繩。

完成！

黃豆粉芝麻布丁

給身體微恙的狗狗好友們。
無論是黑芝麻還是黃豆粉，對恢復健康效果很好！

難易度
★★☆

調理時間
約 **30** 分鐘

可保存期間
冷藏 **4 ～ 5** 天

沒食慾就吃
這款布丁，
容易吞嚥，營養更加分！

材料 （約3個）

- 無糖豆漿 … 350ml
- 黃豆粉 … 3大匙
- 芝麻 … 1大匙
- 吉利丁粉 … 5g
- 楓糖漿 … 1小匙
- 枸杞 … 3粒

作法

1 將吉利丁粉撒入2大匙冷水（分量外）中拌勻，靜置15分鐘以上。

2 黃豆粉、芝麻加入鍋中拌勻，接著慢慢倒入豆漿以融化黃豆粉。

3 開小火將**2**加熱到50～60℃，倒入**1**拌勻。

4 將濾茶器放在布丁杯上，倒入**3**過濾。放涼後再放進冰箱冷藏1～2小時。

5 等完全凝固後再淋上楓糖漿、放上枸杞就完成了。

包裝方法

用正方形的包裝紙包在布丁杯的蓋子上面。

橡皮筋套在靠近杯口的內凹處，固定包裝紙。

包裝道具

- 附蓋子的耐熱布丁杯
- 正方形包裝紙
- 橡皮筋
- 細鐵絲

將細鐵絲固定在橡皮筋的地方，繞2圈後扭轉鐵絲、將其固定。

用剪刀剪斷固定包裝紙的橡皮筋。

完成！

想送給喜歡
蘋果的朋友

加了肉做成的
塔皮和
當季蘋果！

蘋果塔

富含豐富的維生素和營養價值的蘋果，
搭配狗狗最愛的肉泥製作而成，收到這份點心的狗友一定很開心。

材料 (1個)

- **蘋果** … 1顆
  ※ 抹鹽搓洗，或是泡在小蘇打水，
    洗淨蘋果表面的蠟。
- **吐司薄片** … 1片
- **雞絞肉** … 100g
- **胡蘿蔔** … 20g（約1/4條）
- **高麗菜** … 20g（約1/2片）
- **芹菜** … 少許
- **檸檬汁** … 適量
- **橄欖油** … 適量
- **薄荷葉** … 1片
- **優格** … 1/3大匙

用具

- 直徑約9cm的圓圈模

作法

1 準備一容器，架上鋪了廚房紙巾的濾網，倒入優格過濾水分，放冷藏3小時以上。

2 吐司去邊、泡水（分量外），放入圓圈模中，並沿著壁面貼附，放冷凍定型。（吐司邊保留下來）

3 胡蘿蔔、高麗菜、芹菜洗淨切細末，再和雞絞肉一起拌炒。炒熟後加入**2**的模型中、整平，連同吐司一起烤到金黃，放涼脫模。

4 蘋果洗淨切8等分的月牙形、去芯，檸檬汁淋在蘋果皮上。平底鍋刷上薄薄的橄欖油，加入蘋果拌炒，接著再淋檸檬汁。

5 將**1**塗抹在**3**上，吐司邊切細、放在正中間，再放入**4**的蘋果。蘋果上面裝飾薄荷就完成了。

包裝道具

- 正方形紙板
- 烘焙紙
- OPP袋
- 透明膠帶
- 毛線或繩子

包裝方法

1 裁剪一塊10cm正方形紙板，並把四個角修圓，用烘焙紙包起來。

2 烘焙紙向內摺入，用透明膠帶固定。

3 打開OPP袋，底部攤開成正方形，袋子的角向內摺入，用透明膠帶固定。

4 將**2**放入**3**的袋底，再放入蘋果塔。

5 用毛線或繩子將OPP袋口綁緊、打蝴蝶結，再用剪刀剪掉多餘的繩子。

完成！

難易度
★★★

調理時間
約 **50** 分鐘

可保存期間
常溫 **3 ～ 4** 天

藏著開心的留言！
充滿玩心的禮物

幸運餅乾

將幸運籤或想說的話藏到餅乾裡面。
送給最愛的狗友、飼主的私藏禮物。

也是告白籤喔
（羞）

材料 （約 6 個）

- 低筋麵粉 … 2 大匙
- 櫻花粉 … 1/2 小匙
- 豆漿 … 40g
- 楓糖漿 … 2 大匙
- 椰子油 … 2 大匙
- 防油紙 1x5cm … 數張

用具

- 手持式攪拌器
- 麵粉篩或濾網

作法

1 在約 1x5cm 的防油紙上寫留言，對摺備用。

2 將豆漿倒入大碗中，隔水加熱，同時用手持式攪拌器打到發泡。

3 將楓糖漿加入 **2** 中繼續打，接著再加入椰子油，一樣繼續打到發泡。

4 先將低筋麵粉和櫻花粉混合，過篩後再撒入 **3** 中，稍微拌一下。

5 一次舀 ½ 大匙的 **4** 放在烘焙紙上，再用湯匙背面壓成直徑約 5cm 的扁圓形。

6 將 **5** 放入預熱 180℃的烤箱中烤 6 分鐘取出。

7 趁熱將餅乾翻面，接著放上 **1**。將餅乾對摺，再用杯緣將中間壓彎就完成了。

※ 要注意別讓愛犬把幸運籤給吃了。

包裝道具

- 包裝紙
- 紙膠帶
- 繩子

包裝方法

1 包裝紙以縱長方向放在桌上。左右兩邊朝中間稍微重疊摺起，底部反摺，用紙膠帶貼起來成一袋狀。

2 放入幸運餅乾、形成立體三角形，袋口與底部的方向呈垂直。

3 袋口向內摺，將繩子放在反摺的紙上。

4 袋口再內摺，把繩子包夾在中間，接著用紙膠帶固定。

5 左右兩邊的繩子在袋口一端打結，在適當長度的地方再打一個結，最後剪掉多餘的繩子。

完成！

南瓜蒸包

用鮮艷的薄葉紙，
將南瓜蒸包包裝成南瓜一樣，
也很適合當作萬聖節禮物！

裡外都是南瓜，
多做一些，
就是很棒的小禮物

難易度	★★☆
調理時間	約 **60** 分鐘
可保存期間	常溫 **4 ～ 5** 天

材料 （約 6 個）

- 南瓜 … 80g（約 1/20 顆）
- 米粉 … 80g
- 豆漿 … 80g
- 植物油 … 2 大匙
- 泡打粉 … 1 小匙
- 南瓜籽 … 數個

※ 市售的。若要使用從南瓜取下的籽，請先曬過或是炒過後剝去白皮再使用。

用具

- 電鍋
- 矽膠杯
- 符合矽膠杯大小的耐熱紙模

作法

1 南瓜切小丁煮熟，或用 500W 微波 4 分鐘，接著再放入碗中搗碎。

2 將米粉、豆漿、植物油加入 **1** 的碗中拌勻冷藏 30 分鐘。

3 取出 **2** 後，加入泡打粉，稍微拌一下。

4 耐熱紙模套入矽膠杯裡，倒入 **3**，上面放南瓜籽。

5 將 **4** 放入電鍋，外鍋放一杯水，蓋上蓋子蒸 15 分鐘就完成了。

包裝道具

- 薄葉紙（橘色、黃色、綠色）
- 透明膠帶
- 剪刀
- 雙面膠

包裝方法

1 用橘色（或黃色）薄葉紙將南瓜蒸包包起來。

2 扭轉薄葉紙，用透明膠帶黏起來固定。

3 綠色薄葉紙折 3 摺，形成約 1cm 寬的細條狀。

4 將 **3** 的綠色薄葉紙捲在 **2** 的透明膠帶上，再用剪刀剪掉多餘的橘色薄葉紙。

5 同樣地，也將多餘的綠色薄葉紙剪掉，再用雙面膠固定。

完成！

要從哪個
開始吃呢？

難易度
★★☆

調理時間
約 **30** 分鐘

可保存期間
常溫 **4 ～ 5** 天

可以做為
聖誕禮物，
也是回禮的
手作點心！

可麗露禮盒

將各種點心和可愛的可麗露裝在一起，
就是一個驚喜盒！

可麗露食譜

材料 （約8個）

- 豆渣粉 … 15g
- 角豆粉 … 1 大匙
- 魚乾粉 … 1 大匙
- 泡打粉 … 1/2 小匙
- 蛋 … 1/2 顆
- 杏仁奶 … 40ml
  （可換成開水）

用具

- 可麗露模型（矽膠或鋁箔）

作法

1 將豆渣粉、角豆粉、魚乾粉、泡打粉加入碗中拌勻。

2 蛋和杏仁奶加入另一個碗中拌勻。

3 慢慢地將 **1** 倒入 **2** 中，一邊拌勻。

4 將 **3** 倒入可麗露模型中，然後在桌子上輕敲幾下以排出空氣。

5 若是矽膠模就用 500W 微波 2～3 分鐘，若是鋁箔模就放進電鍋蒸 10 分鐘即可。

包裝方法

將準備好的手作點心都裝入鐵盒中，用描圖紙將鐵盒包一圈，為避免紙鬆脫，在底部貼上紙膠帶固定。

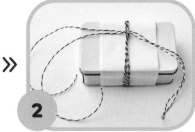

拿兩條繩子合在一起繞描圖紙 2 圈，打死結。

包裝道具

- 鐵盒
- 描圖紙
- 紙膠帶
- 繩子
- 檜木、柏、冬青等的葉子

插入葉子，再用左右兩邊的繩子綁一個蝴蝶結固定。

完成！

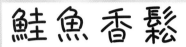

鮭魚香鬆

將狗狗們最愛的鮭魚，加入香味四溢的
食材再裝瓶。隨時都可以撒在飯上享用！

非常適合
食慾不振的
狗友們，增加食慾

難易度	★☆☆
調理時間	約 **25** 分鐘
可保存期間	常溫・冷藏 **4 ～ 5** 天

材料 （果醬罐 1 罐）

● 新鮮鮭魚 … 1 片
● 紫蘇葉 … 1 片
● 芝麻 … 1/2 小匙
● 火麻仁 … 1/3 小匙
● 枸杞 … 5 ～ 6 粒

作法

1 煮一鍋沸水汆燙鮭魚至熟，魚肉剝碎。魚皮切碎末後，以 500W 微波 2 分鐘，或是用平底鍋乾炒。

2 紫蘇葉切碎末。

3 將 **2**、芝麻、火麻仁、枸杞加入 **1** 的魚肉和魚皮中拌勻後，以 500W 微波 2 分鐘，或是用平底鍋乾炒。

4 確實冷卻後，再和乾燥劑一起裝瓶就完成了。

包裝方法

1 將裝有鮭魚鬆的瓶子放在包裝紙正中間，左右兩邊向內摺，在靠近中間的地方重疊。

2 上下多出來的部分各反摺 2 ～ 3 次，再用雙面膠固定。

包裝道具

● 附蓋玻璃瓶
● 乾燥劑
● 包裝紙
● 編繩（紅、白）
● 雙面膠

3 紅白編繩各 1 條合在一起，繞一圈後打蝴蝶結。也可以試試其他打結法！

完成！

讓每天的飯飯更好吃喔

帶狗狗外出時，
利用點心補充水分！

夏天和梅雨季，特別要注意補充水分！

帶愛犬一起出門，最重要且必須的就是多喝水。我發現，最近的狗狗們雖然外出的機會多，但不喜歡在外面喝水的狗狗也很多。

外出時，就算沒在戶外玩、沒長時間待在太陽底下、沒有跑來跑去，還是會比平常興奮很多，張著嘴大口呼吸的頻率也會變多，因此身體裡的水分就很容易蒸發，無論是哪個季節，水分的攝取都非常重要。

為避免炎熱中暑，尤其是不太喝水的狗狗，更要多下一點工夫在水分的補給上。老是吃果乾、餅乾等較乾的點心，也會造成消化負擔。因此，外出時更要給牠們含有水分的點心。

有味道的水分

若是在水中加一點味道，狗狗就會更願意喝。把狗狗喜歡的羊奶、優格，養樂多、甘酒、肉湯等加入水中，分裝在瓶子裡隨身攜帶吧！

水果

將冬天的草莓和橘子、夏天的西瓜、夏末的梨子、秋天的蘋果、春天的奇異果等富含大量水分的水果切成容易入口的大小。不過，因為梅雨季和夏天時水果容易腐壞，保存時可以將具有除菌效果的紫蘇葉或薄荷葉放進去之外，也可以冷凍起來。

寒天

寒天在常溫下也不會融化，因此，建議用來凝固有味道的水分和水果，長時間外出時就可攜帶餵食。它容易消化，對於不愛喝水但吃固體食物的狗狗來說，很有幫助。

Chapter 4

跟愛犬一起度過的
祝賀蛋糕

本章將介紹簡單到精緻的蛋糕製作，看
起來就跟我們的蛋糕一模一樣，但實際
上都有考慮到狗狗喜好，選擇適性的食
材，如肉、魚、蔬菜、水果、優格等，
兼顧喜好和營養喔。

材料 （1個直徑 6.5x 高 6cm 的圓圈模）

- **鮭魚**（生食用。可替換鮪魚）… 70g
- **馬鈴薯** … 60g（約 1/2 顆）
- **紅彩椒** … 40g（約 1/4 個）
- **綠花椰菜** … 20g（約 1 朵）
- **植物油** … 1/2 小匙
- **檸檬汁** … 少許（約 0.02g）
- **肉桂粉** … 0.1g

用具

- 圓圈模

作法

1 生鮭魚切碎末，淋上檸檬汁。

2 馬鈴薯削皮切薄片，和綠花椰菜一起汆燙 3 分鐘，或是以 500W 微波 3 分鐘。馬鈴薯和綠花椰菜拌在一起後搗碎，加入肉桂粉拌勻。

3 紅彩椒切碎末，放在鋁箔紙上淋油，用烤箱烤 5 分鐘。

4 圓圈模內側抹油，放在要盛裝的盤子上。接著再按 **1**、**2**、**3** 的順序邊壓邊填入食材，模具內的每個角落都要仔細填滿。最後再慢慢地脫模即可。

要幫我吹蠟燭喔

POINT

仔細填滿三層食材，不留空洞就有漂亮成品！

在將食材填入圓圈模中時，靠近模具內壁處都要仔細地填滿壓平各食材。脫模時，要慢慢地往正上方拿起來，以免食材位移。事先放在要盛裝的盤子上，作業起來會比較順手。

檸檬鮭魚塔

將食材切一切填入模具中就好了!可以快速完成,也很適合當作祝賀禮的美味蛋糕塔!

只是把食材切一切而已!插上蠟燭就是生日蛋糕了

難易度
★☆☆

調理時間
約 **30** 分鐘

可保存期間
冷藏 **1** 天

Happy Birthday!

瓜瓜薯泥肉肉塔

底部塔皮是肉肉做成，
中間可以填入各種你想給狗狗吃的東西！

Congratulations!

全都是
我愛的！

用馬鈴薯裝飾
肉肉塔

難易度	★★☆
調理時間	約 **50** 分鐘
可保存期間	冷藏 **2～3** 天

材料 （2 個直徑 10x 高 3cm 的塔模）

- 牛絞肉 … 90g
- 豆渣 … 10g
- 馬鈴薯 … 120g（約 1 個）
- 地瓜 … 50g（約 1/4 個）
- 南瓜 … 50g（1 塊約 4cm 厚）
- 優格 … 2 大匙

- 豆漿 … 10 ～ 20ml
- 麵粉 … 適量
- 油 … 適量
- 裝飾水果 … 依喜好添加

用具

- 塔模 … 2 個
- 擠花嘴、擠花袋

作法

1 將牛絞肉和豆渣一起放進碗中，攪拌至滑順。

2 塔模內側抹油，並撒上麵粉，將 **1** 填入至約 5mm 厚，再放進預熱到 180℃的烤箱中烤 25 分鐘。

3 馬鈴薯、地瓜、南瓜洗淨切薄片後，煮熟或蒸熟，或用 500W 微波 3 分鐘。

4 趁 **3** 的馬鈴薯還熱熱的時候，一點一點加入溫豆漿。搗成滑順泥狀，放進已裝好擠花嘴的擠花袋中。

5 把 **3** 的南瓜、地瓜各加入 1 大匙優格拌勻，分別填入烤好的 **2** 肉肉塔中。再用 **4** 擠出花邊，放上喜歡的水果就完成了。

POINT

肉塔皮要有5mm以上的厚度，才不會有裂痕

人類吃的塔皮是用麵粉和奶油做的，但狗狗吃的塔是用絞肉做的。要把絞肉確實地壓入模具中，才會烤出一個漂亮的肉塔皮，太薄容易裂，所以請做出 5mm 以上的厚度吧。

水果優格烘肉蛋糕

在蛋糕模中填滿增加了很多蔬菜的豬肉再烤。
對喜歡肉的狗狗而言，是最令牠們開心的祝賀蛋糕！

難易度	★★☆
調理時間	約 **50** 分鐘
可保存期間	冷藏 **2** 天 冷凍 **1** 個月

用去了水分的
原味優格和水果裝飾烘肉，
就成了祝賀蛋糕

Thank you!

材料 （1個直徑18cm 的天使蛋糕模）

- 原味優格 … 400g
- 胡蘿蔔 … 30g（約 3cm 長）
- 西洋芹 … 25g（約 5cm 長）
- 瘦豬絞肉 … 300g
- 蛋 … 1 顆
- 杏仁奶 … 1 大匙
- 奧勒岡葉 … 少許
- 百里香 … 少許

- 肉桂粉 … 1/4 小匙
- 藍莓、醋栗、薄荷 … 適量
  （喜歡的水果或蔬菜都 OK）

工具

- 天使蛋糕模

作法

1 先將廚房紙巾鋪在細濾網上、倒入優格，放進冰箱冷藏 3 小時以上，以過濾水分。

2 胡蘿蔔磨泥。西洋芹切碎末。

3 將 **2** 和絞肉、蛋、杏仁奶、奧勒岡葉、百里香、肉桂粉一起加入調理碗中攪拌，直到出現黏性。

4 將 **3** 填滿天使蛋糕模的每個角落，蓋上鋁箔紙，放進預熱到 190℃ 的烤箱中烤 30 分鐘。

5 稍微放涼後脫模，將 **1** 塗抹在蛋糕的側面和正上方，最後再擺上喜歡的水果或蔬菜即可。

POINT

越細心攪拌肉團，烤好時就不容易變形

做得漂亮的祕訣就是仔細攪拌肉團，拌得不夠仔細，烤出來就會變形。拌好的肉團毫無縫隙地填滿整個模具，最後再拿起模具敲桌面幾下，把空氣排出來。

材料 （1個 18cm 蛋糕模）

- 寒天條 … 9g
- 鯛魚片 … 150g（約 1 片）
- 黃色胡蘿蔔 … 8mm 圓片
  （可替換成地瓜）
- 胡蘿蔔 … 40g（約 4cm）
- 羊奶 … 200ml
- 紫色高麗菜 … 45g（約 1/16 顆）
- 甜菜 … 30g（小的約 1/4 個）
- 蘑菇 … 1 個
- 草莓、新鮮百里香等
  （喜歡的水果或蔬菜都 OK）

藉營養滿分的
蛋糕來祝賀♪

工具

- 18cm 圓形蛋糕模

作法

1 寒天條先泡水軟化。

2 煮一鍋沸水，放入鯛魚和黃色胡蘿蔔一起煮。煮到竹籤能輕鬆插入胡蘿蔔的程度後，取出鯛魚和胡蘿蔔，鯛魚去除魚骨、魚刺。

3 羊奶倒入另一個鍋子煮沸後，加入 1/3 的 **1** 寒天，融化後倒入蛋糕模中。

4 另起一鍋將 **2** 的湯汁加水加到 300ml，加入切適當大小的紫色高麗菜、胡蘿蔔、甜菜、蘑菇煮 10 分鐘。

5 用手持式電動攪拌器將 **4** 打成糊狀，接著加入剩下 2/3 的 **1** 寒天，繼續煮 3 分鐘。

6 待 **3** 凝固、**5** 稍微涼後，再將 **5** 倒在 **3** 上面，常溫或是放入冰箱冷藏 30 分鐘以上。

7 用數字模將黃色胡蘿蔔壓出數字形狀。

8 把 **6** 的蛋糕脫模，表面放上草莓、百里香、生日數字等裝飾即可。

POINT

羊奶寒天和食材寒天的雙層搭配

加入許多食材的寒天凍，上面還有另一層羊奶寒天凍的雙層搭配，讓裝飾蛋糕更加美麗。先將寒天條泡水後再放入沸騰的羊奶中，融化後冷卻凝固。

鯛魚雙層蛋糕

利用寒天將食材凝固，做出足以取代正餐的蛋糕。
蛋糕裡有豐富的蛋白質和膳食纖維，絕對飽足！

看起來是蛋糕，
卻是低卡低糖的
營養點心！

Happy Anniversary!

燒肉水果鬆餅

米粉做的鬆餅夾著燒肉三明治。
當然也可以夾喜歡的魚！

難易度
★★☆
—
調理時間
約 **30** 分鐘
—
可保存期間
冷藏 **2** 天

鬆餅、肉和
去除水分的優格，
夢幻般的完美組合

Congratulations!

材料 （6個直徑 5cm 的鬆餅）

- 優格 … 40g
- 米粉 … 80g
- 紅豆粉 … 20g
- 無鋁泡打粉 … 4g
- 豆漿 … 100ml
- 豬瘦肉薄片 … 5 片
- 植物油 … 適量
- 草莓、醋栗、藍莓、薄荷、
  綠花椰菜等
  （喜歡的水果或蔬菜都 OK）

流口水了！

作法

1 將優格倒入鋪了廚房紙巾的細濾網上，放進冰箱冷藏 3 小時以上，瀝掉水分。

2 將米粉、紅豆粉、泡打粉加入調理碗中拌勻，接著再慢慢地倒入豆漿拌勻。

3 平底鍋加熱、倒入一點點油（若是不沾鍋就不需要加油），加入 **2**，煎 6 片直徑約 5cm 的鬆餅，起鍋備用。

4 平底鍋放入豬瘦肉薄片煎熟，起鍋備用。

5 在盤子上，依序將 **3** 的一片鬆餅，抹上 **1** 瀝掉水分的優格，再放上 **4** 的豬瘦肉薄片，重複此順序往上疊加。

6 草莓切心型，裝飾在鬆餅的最上面。旁邊再放煮熟的綠花椰菜、醋栗、藍莓、薄荷等喜歡的水果、蔬菜就完成了。

POINT

**鬆餅表面
要如何煎得漂亮**

將濕布蓋在加了油的熱平底鍋上先降溫，然後再倒入麵糊、轉小火，這麼一來，表面就不容易有氣泡。如果是不沾鍋，要趁溫度過高前倒入麵糊就可以了。

如何選購市售狗點心？

要注意成分表喔

選擇市售狗點心的重點，在於選用原型材料製成的單純點心。不過，要是沒有任何添加物、防腐劑，或是天然成分的防腐劑（維生素E、迷迭香萃取物、綠茶精華、檸檬酸等）也容易氧化。最好的方法是分小包裝密封冷藏，盡量減少和空氣接觸的時間。

需注意的食品添加物

● 參考網站
FDA 衛生福利部食品藥物消費者專區

穩定劑、凝固劑、膨脹劑系列	加工澱粉	當作增量劑，或是為了有黏稠性而使用的添加物。因會致癌，歐盟規定不能用在人類的食物上。
	膨鬆劑	使產品膨鬆、維持鬆軟而使用。特別要注意的是「鋁」，但是狗點心裡並未標示用了什麼樣的膨鬆劑。
著色劑、甜味劑系列	焦糖色素	將產品染成咖啡色，或是使顏色更深的合成著色劑。添加阿摩尼亞製造時，有致癌物質生成的疑慮。
	焦油系列著色劑	石油製品的化學合成物。因有致癌的疑慮，美國、歐洲已禁止使用。藍色2號、紅色3號、紅色40號、紅色102號、紅色105號等。
	甘草素‧甘草酸銨（Glycyrrhizin‧Ammoniate）	甜味劑。可賦予食品甜味之添加物，不包括單醣及雙醣。
防腐劑系列	山梨酸鉀	脂肪酸的一種。大量攝取可能會引起發育不良、肝臟損傷。
	亞硫酸鈉	和山梨酸鉀反應會生成致癌物質。即使少量，危險性也相當高的添加物，但仍用於寵物食物中。
抗氧化劑、化學合成劑系列	乙氧基	便宜又有強力的抗氧化效果，但毒性強，禁止使用在人類食物、農藥中。
	BHA、BHT	化學合成的脂溶性抗氧化劑。能長時間防止氧化。因有致癌的疑慮，尤其是BHT，幾乎不用在人類的食物中。

和狗狗一起享受的節慶點心

和狗友們一起開派對，或是在家慶祝節日活動時，總想讓狗狗們一起參與吃點心，本章節將介紹狗狗專屬的節慶點心。拍完照，再盛裝到牠們容易吃的器皿中！

Chapter 5

抹茶風紅豆湯

說到冬天甜品就少不了紅豆湯。
看起來像抹茶般的漂亮翠綠色，其實是綠花椰菜喔！

以切片或模型
壓出來的
蔬菜裝飾，
增添奢華感

材料 （1碗）

● 雞柳 … 1片
● 綠花椰菜（花）… 60g（約2房）
● 綠花葉菜（梗）… 8～10mm 厚圓片
● 白蘿蔔 … 8～10mm 厚圓片
● 胡蘿蔔 … 8～10mm 厚圓片
● 甘栗 … 1個
● 水煮紅豆 … 1/2 小匙

難易度
★★☆

調理時間
約 **30** 分鐘

可保存期間
冷藏 **2～3** 天

用具

● 葫蘆、梅花、松樹等造型模具
● 手持式電動攪拌器或果汁機

作法

1 鍋中倒入 200ml 水（分量外）
煮沸，加入雞柳、綠花椰菜的花
和梗、白蘿蔔、胡蘿蔔煮 5 分
鐘。

2 取出雞柳、綠花椰菜梗、白蘿蔔
和胡蘿蔔。用手持式電動攪拌器
或果汁機，將綠花椰菜花和湯汁
一起打成泥狀。

3 拿模具將 **2** 的綠花椰菜梗壓出
松樹形、白蘿蔔壓葫蘆形、胡
蘿蔔壓梅花形。

4 將 **2** 的雞柳放涼剝絲、壓好的
3 的蔬菜、甘栗、水煮紅豆一
起加入冷卻的 **2** 中就完成了。

聽說綠花椰菜
對肝臟很好

POINT

**利用手持式電動攪拌器，
直接放入鍋中打成綠花椰菜泥**

雞柳和蔬菜煮熟後，取出雞肉，鍋中只
留下湯汁和綠花椰菜，再用手持式電動
攪拌器打成泥，就像抹茶般的綠花椰菜
雞湯完成！因為有雞肉的味道，不僅是
一碗漂亮的湯，適口性也相當完美。

節分
Setsubun

肉做的狼牙棒包上
蛋做的虎紋內褲
是節分中
最強組合！

狼牙棒

在日本，每年 2 月 3 日舉行節分活動，這是告別冬天，迎接春天的節氣「立春」。在這個日子，人們會對惡鬼（指各種邪氣）撒豆子，以便趕走厄運。

讓狗狗咬根狼牙棒打惡鬼吧，看起來像棍子的部分是牛蒡。可以放心地整根給牠們吃。

材料 (3 根)

- 瘦豬絞肉 … 200g
- 牛蒡 … 約 15cm x3 根
- 豆漿 … 25ml
- 麵包粉 … 1/4 杯
- 蛋 … 1 顆
- 燒海苔 … 少許
- 紅椒粉 (可省略) … 1/2 小匙

難易度
★★☆

調理時間
約 **40** 分鐘

可保存期間
冷藏 **2 ～ 3** 天

作法

1 牛蒡洗淨、汆燙煮軟，若是粗的牛蒡就切對半。

2 將麵包粉、豆漿倒入碗中拌勻，接著再加入絞肉、紅椒粉拌勻至出現黏性。

3 將 **2** 捲在 **1** 上，做出狼牙棒的造型。

4 平底鍋加熱，放入 **3** 開大火煎至焦黃後，再放入已預熱到 200℃的烤箱中烤 10 分鐘。

5 另起一鍋，蛋打散倒入平底鍋中煎蛋皮，煎好再切成 4.5cm 寬的長條狀。接著將切好的蛋皮捲在 **4** 的下半部，再用海苔片黏出虎皮模樣。

POINT

還是肉肉最讚！

絞肉拌勻，
把熟牛蒡根包起來

看起來像是骨頭或竹籤的地方其實是煮熟的牛蒡，把加入紅椒粉的絞肉拌勻，再把牛蒡包起來，做成狼牙棒的造型。可以整根給狗狗吃，或是飼主手拿著牛蒡餵食也可以！

粉紅心寒天

用草莓、藍莓做出可愛粉紅心，
並使用狗狗喜歡的羊奶提升喜好度！

常溫也
不會溶化的寒天，
也適合當作
伴手禮

三種顏色的心
是不是
很可愛呢

【材料】（3 種顏色各 12 個）

● 草莓 … 40g（小的約 5 個）
● 藍莓 … 40g（約 20 個）
　（可使用冷凍）
● 羊奶 … 100ml
● 寒天粉 … 3g
● 櫻花粉 … 1/4 小匙

難易度
★★☆

調理時間
約 **30** 分鐘

可保存期間
冷藏 **3 ～ 4** 天

【用具】

● 心型模（數量夠的話可以一次全做起來）

【作法】

1 分別將草莓、藍莓放入碗中，用叉子等工具搗碎。分別加入 100ml 的水（分量外），接著再各加入 1g 的寒天粉。
※ 若是不喜歡水果的狗狗，可以用肉湯代替水，加一點楓糖漿。

2 將櫻花粉加入羊奶中拌勻，再加入 1g 寒天粉拌勻。

3 將 **1** 的兩種水果和 **2** 分別加入鍋中，開火，煮沸 1 ～ 2 分鐘後關火，倒入心型模中，做三種顏色的心。

4 將 **3** 隔冰水冰鎮或是放入冰箱冷藏 15 ～ 30 分鐘凝固就完成了。

POINT

寒天粉一定先拌勻後才能開火加熱

將寒天粉加入熱的液體中會失去作用，因此，需加在常溫的液體中並拌勻後才能加熱。建議倒入鍋中開火，煮沸 1 ～ 2 分鐘。加熱後，即使是在常溫下也會凝固，需趁它冷掉之前倒入模型中。

做成
菱餅模樣的
三色
羊奶布丁

三色羊奶菱餅

製作象徵祈願女孩兒天天平安健康的菱餅。這道點心利用吉利丁粉來補充水分,也很適合不愛喝水的狗狗喔!

材料 (1個)

- 羊奶 … 180ml
- 吉利丁粉 … 3g
- 埃及帝王菜粉 … 1/4 小匙
- 櫻花粉 … 約 0.02g
- 鹽漬櫻花（若有）

用具

- 牛奶盒

難易度
★★☆

調理時間
約 **40** 分鐘

可保存期間
冷藏 **2 ～ 3** 天

作法

1 將 1g 吉利丁粉撒入 2 小匙的冷水（分量外）中，輕輕拌勻、靜置 5 分鐘讓它膨脹。總共製作三份。

2 先做最下層的綠色。將 30ml 的羊奶和融化的埃及帝王菜粉一起拌勻，以 500W 微波 30 秒，接著再追加 30ml 的羊奶拌勻後，倒入牛奶盒中，隔冰水冰鎮或是放冷藏 1 小時以上凝固。

3 接著做第二層的白色。步驟同 **2**，但不加埃及帝王菜粉，倒入 **2** 的綠色上面，繼續隔冰水冰鎮或冷藏 1 小時以上凝固。

4 最後做最上層的粉紅色。步驟同 **2**，但用櫻花粉取代埃及帝王菜粉，倒入 **3** 的白色上面，繼續隔冰水冰鎮或是放冷藏 1 小時以上凝固。

5 將 **4** 脫模，切成菱形就完成了。可以個人喜好在上面裝飾鹽漬櫻花。

男孩兒
也會想吃

POINT

要凝固吉利丁粉，
就不行加熱過頭

為避免吉利丁粉失去作用，不是將水加入吉利丁粉中，而是一點點地撒入冷水中好讓它膨脹。無論是用微波爐還是鍋子加熱，都不能讓它沸騰，以約 50 ～ 60℃溶化最好。

山茶花糰子

常被當作和菓子構圖的山茶花。
蘿蔔花瓣包藏的是狗狗們最愛的雞肉丸子！

熟蛋黃就跟
花粉長得一樣

我們是花漾
男（女）子！

材料 （2個）

- 白蘿蔔 … 約 1cm 厚
- 馬鈴薯 … 80g（約 1/2 顆）
- 雞絞肉 … 20g
- 蛋 … 1 顆
- 甜菜根 … 30g（約 1/4 小顆）
- 蘋果醋 … 2 大匙

難易度
★★★
—
調理時間
約 **40** 分鐘
—
可保存期間
冷藏 **2 ～ 3** 天

作法

1 前一天先將甜菜根切 2 ～ 3mm 的月牙形 5 片，淋上蘋果醋醃製。製作當天，將削好皮的白蘿蔔切薄片，越薄越好，跟甜菜根一起醃 2 小時以上。
※ 若是用紅心蘿蔔就不需要這道程序。浸泡淡鹽水，讓白蘿蔔變軟就行。

2 馬鈴薯削皮切薄片，汆燙煮熟或是蓋上保鮮膜以 500W 微波 3 分鐘，再搗成泥即可。

3 雞絞肉捏成 2 ～ 3cm 的丸子，汆燙煮熟或是蓋上保鮮膜微波 2 ～ 3 分鐘到熟為止。

4 另起一鍋滾水，放入蛋煮熟，去殼，將蛋黃和蛋白分開，蛋黃搗碎、蛋白切末。

5 將 **4** 的蛋白加入 **2** 中拌勻後，把 **3** 的雞丸子包起來。

6 鋪一張保鮮膜，將 3 ～ 5 片的 **1** 以部分交疊的方式放在保鮮膜上，接著再放 **5**，連同保鮮膜一起包卷起來，轉緊保鮮膜。

7 將 **4** 的蛋黃撒在 **6** 的頂部，花粉模樣就完成了。

POINT

白蘿蔔片切越薄越好，
時間泡久一點上色更好看

花瓣的白蘿蔔切越薄，成品越漂亮。用甜菜根染色時，浸泡的時間越久顏色越深。保鮮膜上的白蘿蔔、薯泥都鋪好後，再轉緊包起來呈花朵狀。

用長角豆
就能重現
狗狗的顏色！

蛋包盔甲狗

守護身體免於疾病和事故的盔甲。
摺起薄蛋皮，祈願親愛的狗狗天天健康！

材料 （1個）

- 馬鈴薯 … 150g（約1顆）
- 長角豆粉 … 1/2 大匙
- 蛋 … 1顆
- 熟黑豆 … 2 粒

難易度
★★★
——
調理時間
約 **40** 分鐘
——
可保存期間
冷藏 **3** 天

作法

1 馬鈴薯切薄片，汆燙煮熟或是蓋上保鮮膜以 500W 微波 3 分鐘，再搗成泥即可。

2 將馬鈴薯泥以 7：3 的比例分成兩份，多的那份加入少許長角豆粉，少的那份加多一點，做出深淺不同的兩個顏色。

3 蛋打成蛋液，薄薄地倒入平底鍋中煎蛋皮，再切成正方形。

4 將 **3** 以摺紙的方式摺成盔甲。

5 將 **2** 的淺色薯泥做成圓圓的狗臉，深色的做成耳、鼻，再以黑豆做眼睛。戴上 **4** 的盔甲就完成了。

我也想要有自己的顏色！

POINT

與摺紙的要領一樣，小心摺不要弄破了

薄蛋皮的作法是蓋上鍋蓋小火慢煎，煎到表面成形即可起鍋。煎好的蛋皮放在砧板上對摺再對摺，再以直線的方式將圓形邊切掉就是漂亮的正方形，這樣拿來摺盔甲會比較好摺。

將當季食材
做成糊狀
好入口

夏日時蔬杯

七夕剛好是夏季，有許多新鮮的蔬菜，
製作出看起來令人清涼的玻璃杯點心。

材料 (1杯)

● 小黃瓜 … 100g (約1根)
● 山藥 … 40g (約4cm)
● 秋葵 … 20g (約2根)
● 優格 … 1大匙
● 小番茄 … 1顆
● 檸檬 … 1片圓片
● 羅勒葉 … 2～3葉
　　(換成喜歡的蔬菜水果也OK)

難易度
★☆☆
———
調理時間
約 **5** 分鐘
———
可保存期間
冷藏 **2** 天

用具

● 蔬果調理機

作法

1 小黃瓜、山藥、秋葵洗淨,山藥削皮切適當大小,全部和優格一起放入蔬果調理機中打成糊狀。

　※ 不喜歡蔬菜的狗狗,也可幫牠們加柴魚片、魚乾粉、肉粉等。

2 盛入容器中,放上喜歡的小番茄、檸檬片、羅勒葉裝飾就完成了。

滑順好入口
的樣子

POINT

只要將食材放入
蔬果調理機就行!

切適當大小的蔬菜、優格全都放入蔬果調理機中打成糊狀。加水打會變成果汁,在這裡不要加水,只要打碎食材就可以!

看了就
活力滿滿！

以豐富的
維生素、礦物質
提升夏日活力！

玉米聖代

炎炎夏日就想吃冰涼的聖代。
使用狗狗喜歡的香甜玉米盛裝，
讓愛犬也清涼一下！

材料 （1杯）

- 玉米 … 1 根
- 優格 … 200g
- 無酒精甘酒 … 2 大匙
- 原味玉米片 … 20g
- 檸檬 … 1 片圓片

用具

- 蔬果調理機

難易度
★★☆

調理時間
約 **30** 分鐘

可保存期間
冷藏 **2** 天

作法

1 準備容器，架上鋪了廚房紙巾的濾網，把優格倒入過濾水分，冷藏 3 小時以上。大約分兩等分。

2 剝去玉米的外皮，玉米鬚切碎末，用菜刀將玉米粒切下。

3 煮一鍋沸水（分量外），將 **2** 的玉米鬚和玉米粒煮熟。玉米鬚和半份玉米粒、甘酒一起放入蔬果調理機中打成糊狀。大約分三等分。

4 按 **3** → **1** → 玉米片 → **1** → **3** → **1** 的順序分層堆疊於容器中，並放上檸檬片、剩餘的玉米粒裝飾就完成了。

POINT

層層堆疊，
看起來也令人愉悅

想要有夏日聖代氛圍的話，就用透明的聖代杯層層堆疊。不過，若直接用聖代杯給狗狗吃，不容易吃也容易翻倒，有其危險性，所以餵食時，請倒入淺盤中再給愛犬吃。

三色丸子

獻上 15 顆月見丸子，欣賞滿月吧！
愛犬吃的丸子就用秋天的養生地瓜來完成！

以地瓜、枸杞、
南瓜籽，
補充營養 + α

材料 （約 15 個）

● 地瓜 … 240g（約 1 條）
● 紫地瓜 … 120g（約 1/2 條）

※ 若沒有，可在地瓜中加入紫地瓜粉拌勻也可以。

● 海苔粉 … 適量
● 南瓜籽 … 5 粒

※ 市售。若要使用從南瓜上取下的籽，請曬乾或是用平底鍋炒過、剝去白皮再用。

● 枸杞 … 5 粒

難易度
★★☆☆

調理時間
約 **20** 分鐘

可保存期間
常溫・冷藏 **2 ～ 3** 天

作法

1 地瓜和紫地瓜切圓片，蒸熟或汆燙煮熟，或是蓋上保鮮膜以 500W 微波 5 分鐘，再搗成泥即可。

2 分別將 **1** 的地瓜泥搓成 2 ～ 3cm 的球狀，再用保鮮膜轉緊。可做成 10 個地瓜丸子、5 個紫地瓜丸子。

3 其中 5 個地瓜丸子撒上海苔粉，另外 5 個各放上 1 粒南瓜籽。紫地瓜丸子各放上 1 粒枸杞裝飾就完成了。

POINT

地瓜是有助身體保持溫暖的食材

人類吃的月見丸子是用蓬萊米粉和糯米粉為原料製成，但狗狗吃的建議只要用地瓜就行。將含有豐富的膳食纖維和維生素的地瓜煮熟，搗成泥、搓成丸子就完成了。

先獻給嫦娥姊姊，我再吃

南瓜的甜
加上鮭魚的鮮，
一口接一口！

南瓜可樂餅

萬聖節非南瓜莫屬！和迎接秋天當季的秋鮭，
一起做成不油炸的圓可樂餅。

也不忘了變裝

材料 （約 8 個）

- 南瓜 … 280g（約 1/4 個）
- 生鮭魚 … 1 片
- 蛋 … 1 顆
- 燕麥片 … 50g
- 肉桂粉 … 1/8 小匙

用具

- 刷子

難易度
★★☆
—
調理時間
約 **40** 分鐘
—
可保存期間
冷藏 **2** 天

作法

1 南瓜切適當大小，汆燙煮熟或是微波加熱 5 分鐘，接著加入肉桂粉搗成泥即可。

2 將燕麥片放入塑膠袋中，敲成粗顆粒粉狀。

3 新鮮鮭魚烤好後，魚肉剝散、魚皮切碎。再和 **1** 一起拌勻，揉成圓柱形。

4 蛋打散，用刷子塗抹在 **3** 上，接著再裹上 **2** 的燕麥片。

5 放入已預熱到 200℃的烤箱中烤 10 ～ 15 分鐘，烤到呈現焦黃色就完成了。

POINT

以沾麵衣的方法
裹上燕麥片

將敲碎的燕麥片倒在調理盤中、鋪平，接著再將塗抹蛋液的內餡，以滾球的方式裹上燕麥片。內餡也可隨季節變化用喜歡的絞肉取代鮭魚。

用草莓和
瀝掉水分的優格
做成的
可愛聖誕塔！

草莓聖誕塔

用草莓製作可愛的聖誕老公公。
塔座是用狗狗們最愛的雞絞肉做成！

材料 （1個）

- 雞絞肉 … 80g
- 胡蘿蔔 … 30g（約3cm）
- 豆渣 … 20g
- 優格 … 1 大匙
- 餛飩皮 … 2 張
- 草莓 … 1 顆
- 綠花椰菜 … 適量
- 黑芝麻 … 2 粒

難易度
★★☆

調理時間
約 **40** 分鐘

可保存期間
冷藏 **2** 天

用具

- 淺的布丁模型

作法

1 準備容器，架上鋪廚房紙巾的濾網，倒入優格過濾水分，冷藏 3 小時以上。

2 將胡蘿蔔磨泥，與雞絞肉、豆渣一起放入碗中，用手拌勻。

3 切掉餛飩皮的四個尖角，2 張重疊放入布丁模型中。

4 將 **2** 填入 **3** 中，放入已預熱到 180℃ 的烤箱中烤 20 分鐘，放涼脫模。

5 草莓洗淨去掉蒂頭，在靠近尖端處切開，當作帽子使用。在草莓的下半部切口處，放上適量的 **1** 做成臉，並用黑芝麻當眼睛。將少量 **1** 搓成圓狀，放在帽尖當作白色球。

6 將 **1** 塗抹在 **4** 上，再放上草莓聖誕老公公固定住。

7 盛入容器中，再以煮熟綠花椰裝飾在旁邊當作綠地就完成了。

POINT

利用牙籤將裝飾眼睛的 黑芝麻貼上去

可愛的關鍵在於聖誕老公公的帽子。帽子、臉和眼睛的位置及比例，會大大影響聖誕老公公的表情。貼眼睛時，先將牙籤的一端沾水再沾黑芝麻貼上，就可以貼得很漂亮了。

白飯可以取代優格喔！

參考文獻

《藥膳食典食物性味表》日本中醫學院◎監修、日本中醫食養學会◎著

《當令蔬果營養全書：229 種蔬果食用知識，安心選用、正確調理，吃出健康好生活》
吉田企世子◎監修（馬可孛羅，2017 年出版）

《からだにおいしい野菜の便利帳》板木利隆◎監修（高橋書店）

《犬の医学》田中茂男◎總監修，津曲茂久・鎌田寬・亘敏広・上地正実◎監修
（時事通信出版局）

《八訂食品成分表》香川明夫◎監修（女子栄養大学出版部）

Special Thanks

tutuji

pikusi

kuri

buriko

mare

LUCU

ann

komame

kirari

hannzou

tao

台灣廣廈 國際出版集團
Taiwan Mansion International Group

國家圖書館出版品預行編目（CIP）資料

狗狗專用點心(全圖解)：無添加！好製作！54道毛小孩鮮食料理/俵森朋子著.
-- 新北市：蘋果屋出版社有限公司, 2024.08
　面；　公分
ISBN 978-626-7424-28-5(平裝)

1.CST: 犬 2.CST: 寵物飼養 3.CST: 食譜

437.354　　　　　　　　　　　　　　　　　113008282

狗狗專用點心【全圖解】
無添加！好製作！ 54道毛小孩鮮食料理

作　　　者／俵森朋子　　　　　　　　編輯中心執行副總編／蔡沐晨
譯　　　者／王淳蕙　　　　　　　　　編輯／陳宜鈴
設　　　計／南彩乃（細山田設計事務所）、橫村葵　　封面設計／林珈仔
攝　　　影／岡崎健志　　　　　　　　內頁排版／菩薩蠻數位文化有限公司
Ｄ　Ｔ　Ｐ／岸博久（merusing）　　　製版・印刷・裝訂／皇甫・秉成
日 文 編 輯／山賀沙耶
攝影物品提供／UTUWA

行企研發中心總監／陳冠蒨　　　　　　線上學習中心總監／陳冠蒨
媒體公關組／陳柔彣　　　　　　　　　數位營運組／顏佑婷
綜合業務組／何欣穎　　　　　　　　　企製開發組／江季珊、張哲剛

發　行　人／江媛珍
法 律 顧 問／第一國際法律事務所 余淑杏律師・北辰著作權事務所 蕭雄淋律師
出　　　版／蘋果屋
發　　　行／台灣廣廈有聲圖書有限公司
　　　　　　地址：新北市235中和區中山路二段359巷7號2樓
　　　　　　電話：（886）2-2225-5777・傳真：（886）2-2225-8052

代理印務・全球總經銷／知遠文化事業有限公司
　　　　　　地址：新北市222深坑區北深路三段155巷25號5樓
　　　　　　電話：（886）2-2664-8800・傳真：（886）2-2664-8801
郵 政 劃 撥／劃撥帳號：18836722
　　　　　　劃撥戶名：知遠文化事業有限公司（※單次購書金額未達1000元，請另付70元郵資。）

■ 出版日期：2024年08月
ISBN：978-626-7424-28-5

INU OYATSU NO KYAUKASHO：TSUKUTTE TANOSHII、AGETE YOROKOBU OYATSU RECIPE
Copyright © Tomoko Hyoumori 2022 All rights reserved.
Originally published in Japan in 2022 by Seibundo Shinkosha Publishing Co., Ltd.,
Traditional Chinese translation rights arranged with Seibundo Shinkosha Publishing Co., Ltd., through Keio Cultural Enterprise Co., Ltd.